欧盟网络安全治理研究

徐 菁——著

台海出版社

图书在版编目（CIP）数据

欧盟网络安全治理研究 / 徐菁著 . -- 北京 : 台海
出版社 , 2025. 4. -- ISBN 978-7-5168-4187-7

Ⅰ . TP393.08

中国国家版本馆 CIP 数据核字第 2025QQ7044 号

欧盟网络安全治理研究

著　　者：徐　菁

责任编辑：王　萍　　　　　　　　　装帧设计：**WONDERLAND** Book design
　　　　　　　　　　　　　　　　　　　　　　　仙德 QQ:344581934
策划编辑：王美元

出版发行：台海出版社

地　　址：北京市东城区景山东街 20 号　　邮政编码：100009

电　　话：010-64041652（发行、邮购）

传　　真：010-84045799（总编室）

网　　址：www.taimeng.org.cn/thcbs/default.htm

E - m a i l：thcbs@126.com

经　　销：全国各地新华书店

印　　刷：三河市兴国印务有限公司

本书如有破损、缺页、装订错误，请与本社联系调换

开　　本：880 毫米 × 1230 毫米　　　　1/32

字　　数：186 千字　　　　　　　　　印　　张：7.25

版　　次：2025 年 4 月第 1 版　　　　　印　　次：2025 年 4 月第 1 次印刷

书　　号：ISBN 978-7-5168-4187-7

定　　价：79. 80 元

目 录
Contents

绪　论

近年来，随着互联网信息技术的发展及其在各个社会领域的广泛使用，全球社会生活中虚拟网络生态系统的重要性越来越大。然而，技术的发展也是不确定性、变化和风险的持续来源，甚至在一些情况下还会带来破坏。信息和通信技术的飞速发展，带动了大数据、云计算、物联网、区块链、人工智能等技术的创新和突破，技术的进步又促进了互联网的广泛运用和各种形式的社会数字化。信息和通信技术越来越多地融入现代生活的各个领域，全球之间的互动因此变得更加丰富和高效。企业和个人越来越多地使用电子通信和电子商务，在社会活动中引入信息和通信技术可以显著提高每个人或组织的效率和效益。根据国际电信联盟的数据，互联网用户的数量从 2005 年的 10 亿人激增至 2023 年的 54 亿人。互联网已经成为"一项通用技术"①，连接了全球约三分之二

---

① Joseph S. Nye, "Deterrence and Dissuasion in Cyberspace," *International Security*, Vol 41, No. 3, 2017: p.44.

的人口。网络世界让人们可以在其中进行游戏、社交、银行交易甚至虚拟生活等活动，涵盖了硬件、软件、网络、数据等许多领域。网络、信息和通信技术迅猛发展，并且它们蕴含着巨大的潜力。对信息和技术的获取逐渐成为经济增长甚至社会发展的重要决定因素之一，全球已经进入数字经济的时代。同时，现代服务经济的特点是复杂和网络化的生产模式，公共服务和公共基础设施的很大一部分都与互联网相连，这些经济的发展需要安全的互联网的通信基础设施。

全球数字化的发展带来了巨大的经济效益，但随着私人、企业、公共机构和国家基础设施的各个组成部分对网络和信息通信技术系统的依赖不断加强，加大了网络安全问题出现的风险。互联网和更广泛的网络空间对社会的各个方面产生了巨大的影响，人们的日常生活和社会互动、企业乃至国家经济的发展都依赖于信息和通信技术的无缝运行。如此多的活动依赖于网络及其数字安全，因此全球大多数地区和国家都开始将更多的关键基础设施、经济和社会资源整合到网络空间中。网络空间及其技术本身存在的技术和安全漏洞造成了如网络病毒、网络攻击等网络威胁的出现，而传统的安全威胁手段也利用网络及其通信技术的便利，与之结合形成了网络犯罪、网络恐怖主义和网络战争等非传统安全威胁。[①] 网络成为一种低成本、高收益的手段，可被轻易地用于窃取用户的数据、隐私和财产。越来越多的用户容易受到网络威胁

---

① 宋文龙:《欧盟网络安全治理研究》，北京:世界知识出版社，2020，第 1 页。

的影响，成为网络攻击的目标。网络攻击的后果多种多样，从金钱损失、信息盗窃到基础设施的不稳定，使得这种攻击开始成为21世纪安全政策面临的主要挑战之一。互联网创造的富有成效的平台也对犯罪分子产生了吸引力，让他们通过利用网络信息系统的便利来牟利甚至伤害他人，最终导致网络犯罪。

随着时间的推移，网络空间变得越来越复杂。网络用户和设备的迅速增长以及互联网技术的发展使其不仅可以被利用于侵犯私人的财产和信息安全，还可能威胁到社会经济的平稳运作和持续发展，网络恐怖主义和网络间谍活动的兴起以及网络战争的风险也使得网络安全威胁容易发展成为对国家安全的威胁。涉及国家和非国家行为体的网络冲突如网络战争等也很可能发生，某些国家和非国家行为体越来越多地出于恶意目的使用网络空间，威胁到公民对数字经济和服务的信任、社会经济数字化转型的潜力以及全球和平与安全。网络信息技术的巨大潜力也导致网络空间已经成为国家和国际竞争的舞台，不同的行为体试图参与、塑造和影响它的治理，网络安全重要性日益上升，国家支持的网络攻击手段也因此产生。

互联网在各个领域的广泛运用使得一些传统的安全问题也演变为网络安全问题，网络空间更是全面地影响了社会生活，不同行为体可以通过网络采取行动直接产生特定的经济、社会甚至政治结果。这种即时和地理上不受限制的互动关系的范围和规模是前所未有的，随着信息技术的发展变得更加无处不在，并嵌入我们的社会、家庭和身体，这种风险只会增加。随着数字化和自动化程度的提高，越来越多的有价值的目标可达，导致了网络攻击的数量持续增加。2017 年，全球企业已经将网络威胁列为他们最担心的问题之一。[①] 网络安全不仅关系到个人和企业，也关系到众多的产业和政府，使其成为最受关注的领域之一。这就使得网络空间成为一个可以影响公民安全、私营和公共部门安全的工具，进而可能影响国家安全。

与此同时，信息和通信技术进入后工业化社会生活的各个方面，在数字化时代，掌握信息的产生、管理、使用和操纵的能力已经成为一种理想的战略资源，因为对知识、信仰和思想的控制被视为对军事力量、原材料和经济生产能力等有形资源控制的补充甚至先决条件。信息技术也促进了信息传播的全球化，通信成本的迅速下降超越了地域空间的限制，促进了国家间的交往，信息技术不仅影响经济交流，而且通过日益广泛的通信网络能够产生政治团体和联盟，影响全球公民思想的信息与通信技术（ICT）已成为各国经济发展、国家安全和综合实力的关键要素之一。网络空间的战略价值为世界各国广泛认可，也成为大国博弈的重要领域，数字经济和网络空间已经成为新一轮国际竞争的前沿阵地。网络安全形势愈加复杂和严峻，网络安全的脆弱性也因此成为现代社会的脆弱性。因此，网络安全问题迅速地出现并从一个相对次要的安全问题演变成了包含政治安全在内的一个重大的安全问题。

网络安全威胁的严重性不容忽视。每个个人或组织机构都可

---

① T. Ross, "Threat of Cyber Attack Is Biggest Fear for Businesses", February 21 2017, https://www.bloomberg.com/politics/articles/2017-02-21/threat-of-cyber-attack-is-biggest-fear-for-businesses-survey.

能是潜在的受害者，因为所有行为体都有一些对他人有价值的东西，如果没有做好基本的网络安全工作或公开展示了自己在网络安全方面的弱点，就容易遭遇某种形式的网络攻击。[①]物联网、云计算、智能手机、社交媒体、大数据等都是与数字世界紧密结合的趋势，这些趋势对数字世界的贡献急剧增长。随着我们对信息技术依赖程度的提高，一些新技术为犯罪分子提供了工具，并可能导致难以估量的损失。正在进行的快速数字化转型和诸如人工智能之类的技术创新以及日益加剧的全球地缘政治紧张局势加剧了网络安全风险。

　　网络安全治理已经成为全球社会和各个国家的重要议程。网络空间是一个高度不受限的空间，网络行动及其影响难以封闭在单一的国家中，因而网络安全方面的全球治理必不可少。网络安全形势日益严峻，对网络空间及其安全的全球治理却面临赤字和诸多困境。技术漏洞与安全威胁的日益复杂以及缺少普遍认可的网络空间行为国际规范等问题都阻碍了全球网络安全治理的推进。与此同时，网络安全行动难以超越国界，法律和安全责任仍然在主权国家的管辖范围内。只有在国家层面，才有可能定义网络安全犯罪，启动执法行动并惩罚违法者。因此，政府在网络安全治理中的作用受到关注。同时，区域性合作成为许多国家加强网络安全治理的优先选择。

　　在全球数字化的时代背景之下，欧盟也不可避免地面临着越

---

　　① National Cyber Security Centre, Common Cyber Attacks: Reducing the Impact, Cyber Attacks White Paper, London: National Cyber Security Centre, GCHQ UK, 2016, p.5.

来越多的网络安全问题。欧盟及其成员国遭受的网络攻击日益频繁，信息基础设施和数据保护亟待提升，数字技术竞争日益激烈等一系列现实问题都促使欧盟不断加强在网络安全治理方面的努力，以推动欧盟数字经济发展并保持欧盟的优势地位。欧盟作为当前全球最大的区域政治与经济联盟，其网络安全政策及立法动向在区域、周边和全球都具有一定的影响力。同时，欧洲在网络治理制度方面的能力不容忽视，其网络安全治理机制发展较为完备，凸显出"多层次、全局性、体系化的整体能力和独特优势"①，在多个国家和区域性协同合作上同样具有代表性，在全球数据治理、人工智能立法等方面也处于领先位置。欧盟的网络安全政策框架和法律体系、数据跨境流动治理实践、人工智能治理等都结合了相应领域的最新发展动态，其形成的治理模式具有丰富的政策和战略意义，可为中欧关系中有效处理网络安全相关问题、构建网络安全战略体系提供借鉴。

党的十八大以来，网络强国建设成为推动国家现代化治理和发展的重要任务。我国是目前遭受网络攻击最严重的国家之一，因此高度重视网络安全和信息化工作。在目前日趋复杂的全球地缘冲突背景下，网络安全建设显得尤为重要，强化网络、数据等安全保障体系建设已然成为健全国家安全体系的重要部分。网络安全治理是未来我国网络发展的重中之重，现阶段开展对其他区域和行为体的网络安全治理研究对我国加强网络安全能力和治理

---

① 方兴东，钟祥铭：《欧洲在全球网络治理制度建设的角色、作用和意义》，《全球传媒学刊》2020年第1期，第116页。

体系建设以及相关国际合作具有现实意义。

　　本书以欧盟的网络安全治理为主要研究对象，在梳理并分析了大量欧盟网络安全方面的政策、文件以及相关研究报告和文献的基础上，对欧盟网络安全治理在不同时期面临的主要问题、治理政策、战略以及实践的发展进程和主要特征进行了归纳和分析，详细解析了欧盟网络安全治理的主要理念、相关领域以及欧盟网络安全治理机构和相关法规构成的欧盟网络安全治理体系，梳理了欧盟在网络安全治理方面的对外合作，并进一步评析了欧盟网络安全治理取得的成效，对欧盟未来在网络安全领域可能面临的调整及其治理发展方向进行了展望。欧盟网络安全治理涵盖了硬件、软件和内容，其内容又包含了文化、交流、思想和政策，是一个跨学科和跨领域的概念。本书的研究存在一定的局限性，无法涵盖欧盟网络安全治理的所有方面，如缺乏深入探讨欧盟政策制定和内部合作的细节，以及欧盟机构与参与者之间的竞争和冲突等。这些方面的深入研究的资料获取渠道有限，且需要大量的实地调研和访问，笔者将在未来就这些方面继续努力，进行进一步的深入研究和分析，对不足之处做出一定补充。如本书有不完善之处，也请读者批评指正。

第一章　网络安全治理成为全球重大挑战

互联网自诞生之初就成为推动人类发展的全球性力量，网络和信息系统的使用创造了前所未有的新可能性，相关技术、设备的发展加强了全球的互联互通，给个人、企业和国家的各类社会活动带来了许多便利和机遇，推动了全球社会向数字和信息社会的发展和转变，刺激了创新、发展与增长。这种互联互通带来了前所未有的社会和经济效益，网络和信息系统及其技术、设备也逐渐成为现代生活和社会发展的必要部分。数字技术的发展和进步有助于促进网络和信息安全问题的解决，同时，又推动了互联网连接在全球范围内的普及，增加了社会对网络信息系统和技术的依赖性。社会的运行和发展愈加依赖网络和信息系统的保密性、完整性和可用性，没有安全的互联网连接，包括能源、医疗和公共管理在内的许多关键部门的服务都将无法高效发挥作用，给用户和参与者带来了新的风险。

当前，互联网几乎覆盖了所有国家，世界上有一半以上的人口以不同的方式进入网络空间，并以每年 3%—5% 的速度增长。[①]与此同时，全球范围内的网络攻击正在不断增加。网络数字世界互联性无处不在，网络犯罪分子可能通过网络大规模地危及公民的个人权利和财产安全，甚至影响社会和国家的安全与稳定。网络威胁也因此超越了特定行业或部门的界限，影响到了广泛的经济、政治和社会领域。网络安全对于个人、企业、民族国家和整个国际社会的重要性都不言而喻。在维护基本权利和原则的同时，网络空间的战略重要性日益上升，已经成为国家和国际竞争的舞台，不同层面的参与者试图塑造和影响它的治理。虽然网络空间是虚拟的、无国界的，但仍然与物理基础设施有关，其用户也与地理位置有关，因此监管网络空间变得愈加复杂。网络安全也已经迅速从一个由专业人员管理的相对次要的安全问题演变成了国家、国际和包括欧盟在内的超国家组织在安全领域的首要议题。在此背景下，全球社会最紧迫的问题之一是如何建立必要的网络安全能力，以保护个人、社会和国家免受网络安全威胁的危害。

第一节　网络安全及其相关概念辨析

从网络空间到网络犯罪、网络恐怖主义、网络间谍和网络战争等对网络安全造成威胁的攻击活动，网络安全及其相关的一些

---

① Milton L. Mueller, "Against Sovereignty in Cyberspace", *International Studies Review*, Vol 22, No.4, 2019: p.789.

定义都具有争议性和模糊性。网络空间的范围到底包括哪些仍然时有辩论，网络安全风险形势的迅速变化，网络安全的概念也在不断发展。要准确和明确地将网络攻击行为归因于特定行为者是非常困难的，即使归因于地理位置也很少成功。个人、企业和国家的安全风险是相互关联的，不同类型的安全威胁可以通过攻击的升级或影响范围的扩大而产生转变或升级，并且一个特定的网络操作可能涉及不止一种类型的安全威胁。

一、网络空间与网络安全

（一）网络空间

在国际上，网络空间目前并没有被普遍接受的统一定义，不同的定义对"网络空间"的理解差异很大。在通俗的用法中，网络空间（cyberspace）和互联网（internet）这两个词几乎可以互换使用，尽管互联网只是网络空间的一部分。许多定义将它与"互联网"或更广泛地与"信息技术"混为一谈，由于这些东西由私有和共享的物理设施、商业和非商业服务以及多层开放和专有标准和软件的复杂组合组成，因此很难确定它的特征是什么。

"网络空间"这个词是"控制者"和"空间"两个词的组合，意思是控制者的空间。20世纪80年代加拿大作家威廉·吉布森（William Gibson）在他的小说《神经漫游者》（*Neuromancer*）中使用了这个词来定义由信息组成的虚拟三维空间，之后便被大众广泛接受。目前在大众概念中它常被用来定义虚拟空间，被理解为通过计算机网络进行交流的空间，这个词有时也被用作互联网的同义词。

网络空间是由互联网运作创造的虚拟空间和场所，是一个通过计算机网络"共同使用兼容的数据通信协议所创造的虚拟交互空间"[①]。在与信息社会相关的电子词汇表中，欧盟委员会提出了一个网络空间的定义，强调硬件和软件层面，但排除了用户领域，从这个意义上说，网络空间是"世界范围内个人电脑电子数据流通的虚拟空间"。网络空间作为一个虚拟空间，包含了虚拟的空间，具有虚拟的整体性和无限性，无数的虚拟空间构成了网络空间。

然而，网络空间不仅是虚拟的，它也是由物理基础设施，如服务器、电缆、计算机、卫星等组成的。网络空间是一种基于有形的物理结构的人工创造。[②] 美国国家安全系统委员会对网络空间的定义是："相互依赖的信息技术基础设施网络，包括互联网、电信网络、计算机、信息系统、工业控制系统、网络以及嵌入式处理器和控制器。"[③] 即整个网络空间由几个相互依赖的信息系统基础设施网络组成，这些信息系统基础设施包括互联网、电信网、计算机系统、嵌入式系统或控制器。网络空间意味着所有通信网络、数据库、信息来源和基础设施系统融合成一个巨大的、错综复杂的、多样化的电子交换空间。

---

① Milton L. Mueller, "Against Sovereignty in Cyberspace", *International Studies Review*, Vol 22, No.4, 2019: pp. 779-801.

② James Lewis, "Sovereignty and the Role of Government in Cyberspace", *Brown Journal of World Affairs*, Vol 16, No.2, 2010: pp.55-65.

③ Committee on National Security Systems, National Information Assurance Glossary-Instruction No. 4009, CNSS of the United States, 2010, p.22.

网络空间中发生的事情与现实空间中发生的事情是息息相关的。人们利用网络空间传播信息或进行电子交易，网络空间中的信息获取和控制的结果会反映到现实空间，因为是现实空间中的人需要居住在不同管辖范围内的信息。也有观点认为网络空间包括两种，一种是虚拟活动对人类产生影响的网络空间，另一种是虚拟的场所和空间，可以产生虚拟的功能，但只是虚拟的而不影响人类的网络空间，有必要对这两种网络空间进行区分。

网络空间不仅成为经济增长和人际交往的基石，同时，它也成为分散竞争对手的机会。网络空间带来了数字商品和服务，取代了许多普通商品和服务，产生了新的交易形式和方式。正如约瑟夫·奈（Joseph Nye）所说，网络空间可以被归类为"公共资源池"，但他认为公共利益和全球公地这两个术语"不太适合"网络空间领域，"网络空间不像公海那样是公地，因为它的一部分处于主权控制之下"[①]。网络空间已经成为一个全球性的交流媒介和各国主张的正当国际利益的空间，网络空间的稳定和安全也因为各种原因备受挑战。除了网络系统的漏洞之外，网络空间也是有组织犯罪集团积极地使用新工具、改进实施已知犯罪的新方法和创造全新犯罪类别的空间。与此同时，从地缘政治角度来看，它也成为一个吸引许多国家追求政治目标、执行情报任务或权力展示的地方。网络空间的行动也可以是军事行动的准备，或者是正在进

---

① Joseph Nye, "The Regime Complex for Managing Global Cyber Activities", *Global Commission on Internet Governance Paper Series*, No.1, 2014: p.6.

行的军事行动的组成部分。网络空间已然成为国家安全的重要行动领域。

（二）网络安全

当前许多关于国际网络安全的讨论仍然受到其特定的学科和专业文化的影响，对于如何定义"网络安全"等基本术语，以及什么应该算作或不算作网络安全的一部分，学术界和实践者之间也存在分歧。安全是没有危险或威胁的状态，网络安全通常被用作防止恶意软件和网络攻击的术语，包括防御所有类型的网络攻击，包括关键基础设施保护、互联网治理、保障网络与信息安全、打击网络犯罪、数据保护和网络防御。但同时网络安全是一个广泛而不断发展的术语，不同国家、地区的历史和政治背景不同，对网络风险的理解可能会有所不同，各国在网络安全及其威胁的定义方式以及它们与整体国家安全的关系方面没有达成统一的共识。即使是一个国家，不同的机构如立法部门、国防部门和信息部门对网络威胁的定义范围也可能会存在差异。例如，许多人将国际互联网治理辩论与围绕全球网络安全规范的对话分开，尽管这两个领域都存在许多相同的障碍甚至有所重叠。虽然大部分国家都对通往大多数全球大国的海底光缆的安全感到担忧，但并非所有国家都将互联网基础设施的安全考虑纳入有关冲突的范畴。

网络安全由两个词汇组成，即包含了网络空间和安全两个领域。根据巴里布赞等人的安全理论，安全化即安全的原则，包括免于危险或威胁。[①] 因此，网络安全即是使网络空间免于危险或威胁。网络安全最初局限于网络通信领域的技术解决方案，但这些解决方案本身并不能完全解决网络安全面临的问题，网络安全既涉及网络空间造成的不安全，也涉及使其更安全的技术和非技术实践。在技术领域之外，网络安全还与社会、经济、政治和其他人文层面的因素相关，网络安全应当将网络空间及其基础设施、内容和用户的安全包括在内。

计算机领域倾向于将网络安全定义为"有助于防止和/或减少网络空间事件的负面影响的技术、流程和政策，这些事件可能是敌对或恶意行为者对信息技术采取蓄意行动的结果"。[②] 仅考虑网络和信息安全，网络安全可以定义为网络和信息系统抵抗危害数字数据或这些系统提供的服务的可用性、真实性、完整性或机密性的行为的能力。[③] 从多学科的角度，有学者以一种尽可能多的方式定义了这个术语："网络安全是用于保护网络空间和网络空间支持的系统免受法律上与事实上的产权不一致的事件的资源、过程

---

① Barry Buzan, Ole Waver, Jaap de Wilde, *Security: A New Framework for Analysis*, Boulder: Lynne Rienner Publishers, 1998, pp.23-26.

② Clark CLARK D, Berson BERSON T, Lin LIN HS, eds, *At the Nexus of Cybersecurity and Public Policy: Some Basic Concepts and Issues*, Washington DC: The National Academy Press, 2014, p.9.

③ Christian Calliess, Ansgar Baumgarten, "Cybersecurity in the EU the example of the financial sector a legal perspective", *German Law Journal*, Vol 21, 2020: p.1150.

和结构的组织和集合。"①

国际电信联盟认为网络安全是"工具、政策、安全概念、安全保障、指导方针、风险管理方法、行动、培训、最佳实践、保证和技术的集合，可用于保护网络环境、组织和用户的资产"②，即保护或保卫网络空间免受网络攻击的能力。美国国土安全部（DHS）的网络安全部门美国计算机应急响应小组（US-CERT）提供了一个广泛和更具体的定义："保护信息和通信系统及其包含的信息免遭破坏、未经授权的使用、修改或利用的活动或过程、能力或状态。有关网络空间安全和运营的战略、政策和标准，包括减少威胁、减少脆弱性、威慑、国际参与、事件响应、弹性和恢复政策和活动的全部范围，包括计算机网络运营、信息保障、执法、外交、军事以及情报任务，因为它们关系到全球信息和通信基础设施的安全和稳定。"③

欧盟官方对网络安全的定义也并非完全一致。欧盟网络安全机构——网络与信息安全局（ENISA）指出"网络安全是一个包罗万象的术语，不可能制定一个定义来涵盖网络安全所涵盖的范

---

① Dan Craigen, Nadia Diakun-Thibault, Randy Purse, "Defining Cybersecurity", *Technology Innovation Management Review*, Vol 4, No.10, 2014: pp.13-21.

② ITU Telecommunication Standardization Sector (ITU-T), Overview of Cybersecurity-Recommendation ITU-T X.1205, International Telecommunication Union, 2009, p.2.

③ Department of Homeland Security, USA, Explore Terms: A Glossary of Common Cybersecurity Words and Phrases, 18 April 2024. http://niccs.us-cert. gov/glossary.

围"①。欧盟最初将网络安全定义为网络和信息安全,在其 2013 年的网络安全战略中具体定义为:"可用于保护民用和军事领域的网络领域免受与相互依赖的网络和信息基础设施相关或可能损害其的威胁的保障措施和行动。"在此背景下,网络安全的主要目标被认为是"致力于维护网络和基础设施的可用性和完整性以及其中包含的信息的机密性"。②欧盟《网络和信息系统安全指令》(NIS 指令)将网络安全定义为网络和信息系统在一定的信任水平上,抵抗所有危害存储、传输或处理的数据的可用性、真实性、完整性或机密性的行为的能力,或由这些网络和信息系统提供或通过这些网络和信息系统访问的相关服务的能力。③这些定义将网络安全的概念限制在计算机和信息安全,即保密性、可用性和完整性三位一体。2019 年欧盟《网络安全法》也对网络安全进行了定义,且与之前的概念有较大的不同,该法案将网络安全定义为"包括保护网络和信息系统、系统用户以及受网络威胁影响的人员的所

① Charles Brookson, Scott Cadzow, Ralph Eckmaier, et al., Definition of Cybersecurity-Gaps and overlaps in standardization, European Union Agency for Network and Information Security (ENISA), 2015, p.10.

② European Commission, Cybersecurity Strategy of the European Union: An Open, Safe and Secure Cyberspace, Brussels: European Commission, 2013, p.3.

③ The European Parliament and of the Council, Directive (EU) 2016/1148 of the European Parliament and of the Council of 6 July 2016 Concerning Measures for a High Common Level of Security of Network and Information Systems across the Union, Brussels: European Union, 2016, p.13.

有必要活动"。① 网络安全的相关范围被扩大到包括任何可能受到网络威胁影响的人，以及他们的基本权利，2020 年欧盟新出台的《数字十年网络安全战略》(The EU's Cybersecurity Strategy for the Digital Decade) 也呼应了这一定义。从欧盟的角度来看，网络安全总体上涉及网络弹性、打击网络犯罪和网络恐怖主义、网络防御、数据保护和全球网络空间问题的集合，其目的是保护包括关键基础设施在内的网络和信息系统、系统用户以及受影响的人员等处于安全状态，免受网络威胁。

在这些定义中，网络安全与信息安全、计算机安全容易被混为一谈。尽管这几个定义存在相似之处，但也存在明显的差异。信息安全是保护作为资产的信息免受各种威胁和可能造成的损害，关注的是对实际信息本身的保护。网络安全不仅是对网络空间的保护，还包括对在网络空间中发挥作用的人及其可通过网络空间互动获得的任何资产的保护，关注的是对信息基础设施，以及通过基础设施可以访问的内容的保护，不仅包括信息，还包括使非信息资产免受与网络空间互动产生的风险。计算机安全首先涉及计算机的概念范围问题，即是否任何利用传统计算机体系结构的设备都可以被称为计算机，也就是计算机安全是否必须包括平板电脑、智能手机、智能手表等物联网设备。在连接到互联网的计

---

① The European Parliament and of the Council, Regulation (EU) 2019/881 of the European Parliament and of the Council of 17 April 2019 on ENISA (the European Union Agency for Cybersecurity) and on information and communications technology cybersecurity certification and repealing Regulation (EU) No 526/2013 (Cybersecurity Act), Brussels: European Union, 2019, p.32.

算机设备中，网络安全与计算机安全是重叠的。然而，计算机在没有连接网络的情况下，也会面临不安全的情况。恶意软件攻击可以是在没有互联网参与的情况下（如通过 USB 访问等）发生的，因此，计算机安全与网络安全又被区分开来。

（三）网络空间治理与网络安全治理

网络发展的初期通常运用互联网治理的概念，互联网治理最初主要关注的是技术层面。互联网治理被定义为政府、私营部门和公民社会在各自的角色中发展和应用共同的原则、规范、规则、决策程序，以及影响互联网发展和使用的项目。[①] 21 世纪以来，随着互联网技术的发展及其延伸的网络空间的不断拓展，其影响也逐渐涉及网络以外的空间，网络及其空间与经济、文化、社会和安全等层面互相影响交融，涵盖范围更广的"网络（空间）治理"概念开始替代"互联网治理"，成为全球治理的重要领域。网络安全治理则是网络（空间）治理的安全方面，在于通过治理，从而加强网络安全，免受网络威胁。全球大多数国家对网络安全治理的认识不仅包括关键基础设施在内的网络和信息系统、系统用户以及受影响的人员等处于安全状态，也包括网络相关的文化、经济和政治安全。

[①]　Working Group on Internet Governance, Report of the Working Group on Internet Governance, Château de Bossey: WGIG, UN, 2005, p.4.

二、网络安全威胁

网络空间"是什么"仍然存在争议，使得其在边界划分上难以达成一致，概述"网络行动"也因此面临差异化问题，如哪些国际法规则适用于"网络空间"里的"网络行动"以及如何适用，但这些"网络行动"正在制造和延续不安全，并可能带来严重后果。网络硬件和软件的故障、网络攻击行动等通常会造成一定的网络事件，对网络安全产生威胁。从基本形势来看，网络事件是对网络信息系统和数字技术正常运行的挑战，影响网络正常运行的活动通常会被视为网络安全威胁，网络安全威胁无处不在。网络安全威胁可能是技术安全威胁，包括侵入和瞄准信息和通信技术，也可能是一种基于内容的安全威胁，包括利用网络信息的优势以用户安全为目标。网络安全威胁可以根据威胁的对象划分为对私有财产的侵犯，对国家经济运作的威胁，以及对国家安全的威胁，但有些国家也将国家经济的正常运作视为国家安全。然而，也有一些网络领域之外的事件对网络安全产生了重大影响，如斯诺登泄密事件。根据目标的价值和造成的影响，一些网络事件会被视为与安全政治相关。这些网络安全威胁可以根据影响范围和严重程度大致被分为：网络犯罪、网络间谍活动、网络恐怖主义和网络战争。

（一）网络犯罪

网络犯罪是一个无国界的问题，由于对网络犯罪这一领域政府监管的适当性和适当范围存在根本分歧，国际上对网络犯罪的定义也缺乏广泛共识。广义的网络犯罪可以概括为在网络空间进行的所有非法活动，是指涉及计算机和信息系统作为主要工具或主要目标的各种不同的犯罪活动。狭义的网络犯罪可以大致定义为涉及侵犯非国家行为者财产权、隐私权和人身安全的犯罪。网络犯罪指利用电子通信网络和信息系统在网上实施的犯罪行为，主要可分为三大类：对信息系统的攻击或拒绝服务等针对互联网和信息系统的犯罪；通过身份盗窃、网络钓鱼和病毒等恶意软件进行诈骗和伪造相关的犯罪；包括在线暴力色情内容、煽动种族仇恨或恐怖主义等非法在线内容。[①]这些犯罪可能像黑客攻击一样简单，也可能像勒索软件攻击或金融网络犯罪一样复杂，其后果从个人或隐私信息的损失到大量资金的损失不等。网络钓鱼、垃圾邮件和恶意代码等网络犯罪工具层出不穷，使得利用大规模欺诈犯罪变得越来越普遍，针对网上银行、信用卡和身份盗窃等欺诈犯罪行为造成的经济损失正在迅速增长。

网络犯罪可以包括范围广泛的活动，这些活动既直接影响到公民个人，也影响到企业。同样重要的是，网络犯罪不仅可以造成经济损失，还可以为任何有兴趣进行网络攻击的人提供支持。同时网络空间中行为者的模糊性和网络犯罪归因的困难使其影响难以控制。复杂的网络犯罪集团可以利用整个网络通信和物联的能力，使它们成为与网络恐怖主义以及政府网络安全工作，甚至

---

① Kantar Belgium, Europeans' attitudes towards cyber security, Brussels: European Commission, 2019, p.3.

网络战争直接相关的因素。网络犯罪已经成为当今网络世界中最紧迫的安全问题之一，是许多国家安全政策关注的焦点，也是欧盟网络安全政策的重点之一。

（二）网络间谍活动

网络间谍活动是指外国个人、企业或政府机构危害破坏政府或企业的数据、机密、网络系统甚至引起更广泛的社会混乱的网络行为。信息技术的发展使得间谍活动已经不局限于现实世界中的侦查、情报搜集、人员渗透和破坏，逐步被互联网情报搜集、破坏所取代。间谍活动的范围也从传统的军事与政治领域，扩展到现在的经济、科技、医疗卫生、生物基因、能源等涉及国家发展和安全的各个方面。

网络间谍活动有时会发生于商业竞争当中，但也经常是国家组织发起的。国家层级的网络间谍行为具有高度的组织性、预谋性和针对性，包括采取直接方式窃取情报，通过策反、收买专业黑客或者内部人员获取情报，或进行公开渠道的常态化情报搜集等形式。[①] 网络间谍活动最终目的是危害与破坏，可能是针对目标国家的社会、经济、政治或者军事领域。网络间谍活动的形式包括通过网络搜集、监听、盗取和篡改敏感信息或情报，攻击和破坏重要系统、网络、关键基础设施，煽动舆论以制造对立并激化社会矛盾以扰乱网络环境和政治局势。

---

① 隆峰，谢宗晓：《网络空间间谍活动的特征、形式及应对》，《中国信息安全》2021 年第 10 期，第 81—82 页。

（三）网络恐怖主义

网络恐怖主义是一个相对年轻的研究领域，就像"恐怖主义"一样，仍然没有充分的一致认可的定义。"网络恐怖主义"这个词被用于各种各样的语境中，其中许多是有争议的。有人认为攻击网站或网络永远不能被视为恐怖主义，因为几乎不会造成直接人员伤亡。然而，对网络的大规模破坏本身对一个社会或一个组织来说代价可能是非常昂贵的，可能会削弱一个国家的经济或摧毁一家公司。因此，大规模破坏公共服务也经常被视为恐怖主义行为。

网络恐怖主义的概念最早提出时被简单地定义为网络与恐怖主义相结合的产物[①]，即网络恐怖主义是指在网络空间进行的恐怖主义活动。欧盟对网络恐怖主义的定义也是在网络空间实施的恐怖主义犯罪。当前学界比较全面的定义从行为者、动机、意图、手段、效果和目标这六个网络恐怖主义的关键共性出发，将网络恐怖主义定义为："由非国家行为体进行的有预谋的攻击或威胁，目的是利用网络空间造成现实世界的后果，以诱导恐惧或强迫平民、政府或非政府机构追求社会或意识形态目标，现实世界的后果包括物理、心理、社会、政治、经济、生态或其他发生在网络

[①]　Barry C. Collin, "The Future of Cyber terrorism: Where the Physical and Virtual Worlds Converge", *Crime & Justice International*, Vol 13, No. 2, 1997: p.16.

空间之外的后果。"①网络恐怖主义是恐怖主义延伸到网络空间的后果，也是恐怖主义利用网络科技、攻击网络目标的新形式，其影响范围可以更广，危害性可能更强，打击难度也会更大。多个国际恐怖组织已经频繁利用社交媒体等网络工具、平台宣传极端思想、招募组织人员、进行通信集合和发动网络恐怖主义袭击，网络恐怖主义已然成为网络安全的新型威胁。

（四）网络战争

"网络战争"被广泛运用于不适当的场合，难以给出准确的定义，粗略的定义可以概括为国家使用基于互联网的工具来攻击、损害另一个国家。2010年7月，蠕虫病毒被发现并公开，这种病毒被用于国家对国家的信息技术攻击。蠕虫病毒并非这类国与国之间的信息技术攻击的个例。

网络战争可以划分为战略网络战争和作战网络战争。战略网络战争是一种冲突，在这种冲突中，网络工具被用作主要的，甚至是独立的武力工具，如针对一个国家关键基础设施的大规模、意想不到的网络攻击的场景，这可能会使两个政府立即进入战争状态。作战网络战争意味着使用计算机网络攻击来支持实体军事行动，这些行动中网络的作用是支持性的，因为它们发生在由传统动态军事行动决定的冲突背景下。总体而言，网络战争是一种新型冲突的表现，与全面的常规冲突不同，在这种冲突中，国家

---

① Jordan J. Plotnek, Jill Slay, "Cyber terrorism: A homogenized taxonomy and definition", *Computers & Security*, Vol 102, 2021: p.8.

间的紧张可能是长期持续的，网络战争行动速度之快会导致情况迅速升级，其影响是可怕的。

随着网络信息和通信技术的发展，定向武器、高超声速技术、无人机、人工智能以及其他创新技术的发展对现代武器和军事作战方式产生了迅速而深刻的影响，现代战争手段和方式发生了翻天覆地的变化，其中包括需要异常快速的决策——在某些情况下力求实现直接的"从数据到决策"解决方案。同时，战争也已不仅仅局限于特定的战场范围。武器的发展使得大多数国家在某种程度上都不愿意发生重大的常规军事冲突，但信息技术的发展使得没有硝烟的战争成为可能。在武装冲突的情况下，信息战注定会发挥关键作用，因为现在几乎所有的军事能力都以这样或那样的方式依赖于信息技术，国家之间的冲突不太可能局限于传统战场上的行动。国际战略研究所（International Institute For Strategic Studies）表示，战争还可以通过网络手段削弱对手的国内后勤和支持基础设施来阻止对手进入任何作战区域，从而破坏对手付诸军事力量的能力。[①] 并且，国家、公共或私人基础设施的各个组成部分越来越依赖计算机系统，包括网络战争在内的涉及国家和非国家当事方的网络冲突和网络危机很可能发生，而且由于网络行动的速度和变化极快，网络空间的低烈度冲突也有升级成网络战争的风险。

网络空间被认为是可以作为另一个军事行动战场的领域之一，

---

① The International Institute for Strategic Studies (IISS), Strategic Survey 2016: The Annual Review of World Affairs, London: Routledge, 2016, p.65.

一些国家已经宣布"网络"是继陆地、海洋、空中和太空之后的第五军事领域。涉及外国机构和非国家行为者（包括恐怖组织）的网络间谍活动也可能危及国家安全，网络破坏和网络间谍事件加速了网络军备。许多国家已经为建设军事网络能力制定了大量预算，其中不仅包括防御性力量，还包括进攻性力量。根据公开的文件，如国家战略、军事理论、官方声明和可信的媒体报道，近50个国家拥有网络作战部队或者正在建设进攻性网络能力，其中美国、日本、澳大利亚、德国、法国、荷兰、比利时、俄罗斯、印度、南非、巴西等国家，都拥有网络作战部队。[1] 美国陆军更是扬言其有能力通过网络攻击破坏世界上任何城市的电网，[2] 可见这种网络战争力量的可怕。

第二节　国际网络安全治理

信息技术的出现超越了地理和物理空间的界限，在全球范围内重塑了通信、商业和社会互动的本质。信息技术不断发展，加速了全球化的发展，从互联网到物联网再到人工智能，新的交流可能性，更多的商业机会，每个人都可以更容易地、无国界地接

---

[1] Geneva Internet Platform, "The State of offensive cyber capabilities", https://dig.watch/topics/ cyberconflict#in-context-the-state-of-offensive-cyber-capabilities.

[2] Annegret Bendiek, "European Cyber Security Policy", SWP Research Paper, Berlin: Stiftung Wissenschaft und Politik (SWP), 2012, p.11.

触到一切，这反过来又推动了进一步的技术进步。互联网开始支撑着经济和生活相关的金融、贸易、卫生、能源和交通等关键部门的运转，并逐渐成为国家和国际社会经济增长的支柱，以及相关部门依赖的重要资源。

随着在世界各国经济和社会的发展中互联网的重要性日益提高，网络空间和关键信息技术成为国家争夺的战略利益，其价值和重要性迅速提升，网络安全也成为国家安全的重要组成部分。网络安全问题逐渐成为全球共同面临的重大挑战。加强网络空间治理和保障网络安全已经成为全球治理的重要组成部分，各国政府对网络安全治理的兴趣日益浓厚。虽然网络安全对于民族国家和全球社会都具有相当大的重要性，但是随着地缘政治博弈延伸到网络空间，网络空间日益成为民族国家争夺的利益空间，部分具有影响力的大国之间难以相互达成信任和合作，全球网络治理的协调与发展面临瓶颈，国际网络安全治理更是面临治理赤字。

一、网络安全的重要性不断增加

互联网和网络空间、技术的发展使我们生活在一个互联互通程度越来越高的时代，给全球社会带来了极大的发展和便利，与之相对应的是整个社会对数字技术和服务的依赖程度也越来越高，特别是金融和科技机构等高度依赖网络和信息技术。许多传统工作已经转移到网络空间，各类公私机构越来越信任和依靠其网络和信息系统来开展日常运营。网络平稳运行必不可少，网络安全的重要性也就随之不断增加。网络传感器、大数据、机器人和人工智能技术驱动了新的技术革命的发生，网络空间是一个承载新技术的基石，网络安全能力也因此与国家未来的发展息息相关。

（一）互联网的普及和物联网的发展

当今世界的信息通信技术与社会经济的发展不断交叉融合，网络空间及其安全对人民生活的影响越来越深入。网络和设备技术的发展使得越来越多的设备可以访问互联网，互联网带来的便利性促进了互联网用户的飞速增长。研究报告显示，到 2024 年初，全球互联网用户总数已达 53.5 亿，目前全球有超过 66% 的人使用互联网。[①] 随着全球互联网的深化普及，联网的科技产品也在生活中随处可见，尤其是一些数字化的设备及产品，比如可穿戴设备、智能机器人等新型创新产业产品不断地推陈出新，这些创新设备产品都可以通过物联网系统进行接入和输出。物联网是由数十亿物理对象和传感器组成的快速增长的网络，用于传输数据和自动化基本功能，互联网连接设备的漏洞与物联网等相关。数十亿分布全球的设备也通过物联网连接起来，物联网及相关技术的创新与进步使社会互联和发展进一步跨越了距离的限制，数字世界正在发生广泛而深刻的变化，为未来人类和社会发展提供了巨大的机遇。

新冠疫情进一步凸显了物联网及相关技术在人们生活和工作中的重要性，从移动设备到大数据收集分析，这些技术提供了关键数据，以追踪病毒的传播链并帮助遏制病毒的传播，并使企业

---

① Simon Kemp, Digital 2024: Global Overview Report, 31 Jan 2024. https://datareportal.com/reports/digital-2024-global-overview-report.

和政府能够继续办公和运作。随着世界开始走出新冠疫情的阴影，物联网及相关技术等技术进步为帮助建设更加繁荣和可持续的未来提供了难得的机会。新冠疫情凸显了物联网及相关技术在人们生活和工作中的重要性，从接触者追踪到可穿戴设备，这些设备成为现代生活的一部分。这些技术提供了关键数据，以遏制病毒的传播，挽救生命，并使企业和政府能够继续运作。

物联网分析网站《2023 年春季物联网状态》报告显示，2022年全球物联网连接数量增长 18%，达到 143 亿个活跃物联网端点，其中 Wi-Fi、蓝牙和蜂窝技术推动了市场的发展，且物联网设备连接预计将在未来许多年内继续增长。[①] 事实上，物联网的潜力才刚刚开始被全球社会逐步发掘，英特尔等知名互联网企业预计未来全球将有上千亿台物联网设备，网络物理系统对未来社会的影响将是前所未有的。除了物联网以外，人工智能系统、自主数字算法和机器人技术的快速发展也正在改变社会的发展方向及其中的细节，新兴信息技术的广泛而系统地组合并应用到社会中将带来颠覆性影响。

随着社会对连接设备和网络的依赖不断增长，安全、隐私、可持续性、互操作性和公平性等领域的风险和治理挑战也在持续增加，网络空间中的威胁也在不停演变，没有任何个人或组织是完全安全的。越来越多的用户更喜欢或仅仅依赖物联网设备从世界各地传输敏感的关键任务信息（包括军事或战略性质的信息），

---

① Anand Taparia, Eugenio Pasqua, Fernando Brügge, et al., "State of IoT-Spring 2023", May 2023, https://iot-analytics.com/product/state-of-iot-spring-2023/.

从而造成了迄今为止被忽视的网络安全问题。互联网的普及以及物联网、大数据、区块链和人工智能等新兴技术的兴起和应用致使网络安全的重要性不断上升，也为全球网络安全治理带来了新的挑战和机遇。

（二）数字经济的发展需要网络安全

全球经济正在迅速向数字化转型。信息和通信技术不再是一个特定的部门，而是成为现代经济体系发展和创新的基础。无论对于个人、企业还是整个社会而言，互联网和数字技术正在改变我们的学习、工作和生活方式，因为它们与我们经济和社会的各个部门的融合都在向前所未有的深度发展。

尽管网络风险形势充满挑战和变化，但数字技术给人类带来的好处正变得越来越明显。世界经济的数字化加速了商业、金融业、服务业和制造业几乎所有方面的变化。国际贸易也得益于互联网接入和跨境数据流动，互联网的自由和开放是其非常成功的原因。数字经济已经成为全球 GDP 的重要直接和间接贡献者，更有分析人士预测，全球 60% 以上的 GDP 现已数字化。[①] 在世界各国，经济增长越来越依赖于为市场、服务和产品提供动力和支持的现代数字系统。全球社会生活的全面数字化和人工智能算法的进步促进了通过收集和分析数据以评估用户行为的趋势的显著增加。私营企业是最初推动数字经济发展的系统的主要组成部分，

---

① Bob Zukis, *Digital and Cybersecurity Governance Around the World*, Hanover: Now Publishers Inc, 2022, p.3.

因为企业投资和创新，采用和应用信息通信技术，利用数据进行或完成自动化决策，有利于提高客户定位和降低运营成本，为其投资者和利益相关者创造价值。随着数字经济的价值凸显，越来越多的工业部门发展为由数据驱动，大部分政府也积极推动数字经济的发展。

为现代世界提供许多基本必需品的操作系统现在基本由复杂的数字系统直接驱动并持续支持。然而，许多公共和私营的机构并没有积极或有效地管理数字和网络风险。网络数字设备、以数字方式存储机密数据的公司和机构一直是网络攻击的目标，如果这类攻击得逞，往往会给受害者带来灾难性后果。越来越复杂的网络攻击者及其攻击不仅威胁到数字基础设施，还威胁到数十亿人的日常生活甚至整个社会运转，因为满足人类基本需求的基础公共事业也因数字风险而面临风险。加之数字产品和服务目前在全球供应链中占有重要地位，因此网络安全也影响了全球供应链的安全。

（三）关键基础设施对网络安全的依赖性增加

在当今日益互联的世界中，关键基础设施基本上是作为所有系统、网络和资产的主体的主要系统，这些系统、网络和资产对一个国家公共安全和经济的安全影响重大，它们的失效或被破坏会对国家安全、经济或公共健康和安全产生削弱性后果，所以必须持续不受阻碍地运行。虽然不同国家的关键基础设施因资源、需要和发展水平而有所差异，但都必须不断加强其安全性和对其的保护。

　　大多数国家都根据本国国情定义了自己的关键基础设施，在大多数情况下，这包括核心互联网和更广泛的信息通信技术基础设施（如电信网络），以及越来越依赖信息通信技术的运输、能源和其他关键基础设施。关键基础设施绝大多数是基于数字技术并通过数字技术运行的，物联网也已经改变了能源生产和转型的世界。当发电站、供水系统、机场和医院等关键基础设施通过网络信息系统管理时，电网、净水厂和交通系统等关键基础设施持续面临网络安全风险，网络故障和网络犯罪活动甚至会造成生命损失的可能性。因此，关键基础设施保护不仅仅包含网络安全，但网络方面是主要驱动因素。

　　正是因为关键基础设施涉及的通信、交通、运输、能源、金融、医疗等这些领域对社会运转和发展都极其重要，影响关键基础设施的事件的潜在后果很严重，任何程度上受到破坏都可能会产生不可估量的影响。所以，制定一套明确的、有关保护关键基础设施的政策措施十分有必要。

　　（四）网络信息技术在政治、军事活动中的运用

　　网络信息技术革命推动了网络空间的全球化，网络政治的新形态出现并迅速发展，互联网的庞大规模和影响力使其成为一种强大的武器，在政治活动中发挥着强大的作用。宣传长期以来一直是国家的活跃力量，信息时代，政党利用互联网和社交媒体传播信息，竞选活动也不仅限于线下的现场活动，越来越多地在网上进行。互联网可见地在一些社会运动中扮演了重要的角色，网络及其空间、技术被用来发动对民族国家信息基础设施的攻击，

为恐怖组织招募新成员，影响公众舆论和支持政权更迭，以及破坏和危害关键基础设施。伴随着大数据时代的到来以及政府数据、公共数据的海量增长，大数据治理、政府数据治理以及公共数据治理等也已成为社会各界关注的热点话题，网络在政府和公共治理中的作用也愈加重要，网络安全对政治和军事的影响也随之越来越大，使国际网络安全呈现出更加复杂多变的情况。近年来，这种转变加快了各个国家收紧互联网边界的步伐。① 因为互联网在影响公众舆论、推动贸易和网络攻击等方面的巨大力量使网络空间成为政治化、军事化的目标。鉴于互联网的巨大力量，以及对其用于政治和军事目的的回应，国际互联网主权的概念正在迅速转向主权互联网边界的概念。

互联网的运用已经与全球经济、政治和社会生活息息相关，网络甚至可以触及社会的任何部分。伴随着信息技术发展带来的巨大利益，其脆弱性也开始逐渐凸显，使用的设备和任务越来越多，就更容易受到网络攻击。网络空间也开始不断出现挑战、风险和威胁，既针对私人网络，也针对公共网络、公司和个人。随着这些攻击的受害者用户数量的增加，人们对网络犯罪的普遍担忧也在增加。同时、多样化的网络威胁，如计算机病毒、网络犯罪、网络间谍活动、网络恐怖主义和网络战争使得这些系统并非完全安全可靠，网络安全的重要性不断增加，逐渐成为国际和国家治理中不容忽视的问题。

---

① Sanjay Goel, "National Cyber Security Strategy and the Emergence of Strong Digital Borders", *Connections*, Vol 19, No.1, 2020: pp.73-86.

二、国际网络安全治理面临赤字和困境

网络空间的独特之处在于，相对于其他物理领域（如陆地、天空和太空）它是全球性的，但进入成本却非常低。近年来，世界各国都越来越意识到网络空间中泛滥的威胁，网络攻击和网络犯罪造成的社会和经济影响也在不断增加。有网络安全风险投资公司预计，全球网络犯罪成本到 2025 年将达到每年 10.5 万亿美元，远高于 2015 年的 3 万亿美元。^① 这些攻击向许多政府、机构和企业证明，网络领域需要安全和治理。

（一）网络安全国际治理机制

联合国和国际电信联盟（International Telecommunication Union, ITU）等多边组织在制定网络空间治理标准、规范和准则方面发挥了重要作用，这些努力旨在促进以规则为基础的国际秩序，促进网络空间的信任、稳定与合作。20 国集团（G20）、8 国集团（G8）、北约（NATO）、上海合作组织（Shanghai Cooperation Organization, SCO）和国际刑警组织（Interpol）等多边合作组织也在网络安全国际治理方面起到了积极的推动作用。除了政府间组织，还有各种各样的跨国论坛、区域组织和非政府行为体参与网络安全问题

---

① Steve Morgan, "Cybercrime to cost the world $10.5 trillion annually by 2025", 13 Nov 2020. https://cybersecurityventures.com/cybercrime-damages-6-trillion-by-2021.

的研究与治理。非国家行为体,包括私营部门公司、民间社会组织和技术社区在塑造网络空间及其安全治理中的作用也不可或缺,公私伙伴关系、多利益相关方倡议和行业自律已成为应对网络安全治理复杂和多方面挑战的互补途径。

联合国是国际网络安全治理的主要平台,联合国大会在网络安全领域发挥了核心作用。联合国通过成立专家组、任命工作组、举办全球峰会、设立主题论坛等形式促进政府间谈判,调和不同国家和行为体的网络空间治理矛盾,加强网络空间治理的国际合作,从而制定国际网络安全规范和规则。联合国框架下成立的联合国信息安全开放式工作组(UN OEWG)和政府专家组(UN GGE)都成为联合国制定网络空间国际规则的核心机制。当前,受大国战略博弈影响,联合国网络安全治理面临一定的困境。

联合国最初主要重视信息和典型安全问题以及预防计算机犯罪。1998 年联合国大会通过首个从国际安全角度看信息通信领域发展的决议。2004 年,联合国大会通过决议,成立从国际安全角度看信息和电信领域发展政府专家组,专家组通常是根据地域公平原则,由 15—25 个国家的代表组成,目标是探讨网络空间威胁以及国际合作。[①] 2004 年至 2021 年,联大共授权组建了六届专家组,深入讨论该领域主要威胁和挑战,并就制定有关国际规则提出具体建议,并分别在 2010 年、2013 年、2015 年和 2021 年形成了四份经联大审议通过的共识报告,成为网络空间国际规则的重

---

① 晓安:《联合国网络安全进程取得重要进展》,《中国信息安全》2021 年第 9 期,第 72—73 页。

要基础。2015年的报告达成了11条网络空间负责任国家行为规范。2021年5月，联合国政府专家组最终报告，其中重申了国际法特别是《联合国宪章》适用于网络空间，以及主权平等、和平解决争端、禁止使用武力等重要原则。报告还就重点落实2015年专家组报告涉及的11条责任国家行为规范提出了较为详尽的建议，涉及维护网络空间和平、供应链安全、关键基础设施保护、网络反恐、信息技术漏洞处置等内容。联合国还在2019年根据第73届联合国大会决议《从国际安全角度看信息和电信领域的发展》成立了首届信息安全开放式工作组（OEWG），历时两年多于2021年3月12日成功达成最终共识报告，报告确立了"负责任国家行为框架"是网络空间国际规则的重要基础，主要内容包括关于现有和潜在威胁、负责任国家行为准则、现有国际法适用和国际人道主义法适用于网络空间、建立信任措施、能力建设和定期机制性对话六大部分的共识和建议，以及11条自愿性质的负责任国家行为准则。①

联合国也致力于加强国际网络犯罪方面的治理。2010年12月，第65届联大通过决议，成立对网络犯罪问题进行全面研究的不限成员名额政府间专家组（简称网络犯罪政府专家组），就网络犯罪的立法、定罪、国际合作、预防等进行研究讨论。2019年联大决议在此基础上设立不限成员名额特设政府间专家委员会（Open-ended Ad Hoc Intergovernmental Committee of Experts, OECE），并

---

① 联合国大会：《从国际安全角度看信息和电信领域的发展》，纽约：联合国，2021，第7—35页。

计划在 2024 年 2 月之前起草一份新的网络犯罪公约。[①] 联合国毒品和犯罪问题办公室、国际电联和教科文组织致力于提高对网络安全和网络犯罪问题的认识，并提供了建议，鼓励其成员加以采纳，以提高其国家网络安全复原力。

联合国理事会广泛讨论网络安全问题，并就此问题通过了多项决议，包括打击非法滥用信息技术，建立全球网络安全文化和保护关键信息基础设施。2009 年联合国裁军审议委员会通过了一份核心文件《从国际安全的角度来看信息和电信领域的发展》，决定成立一个专家组，负责处理网络安全领域的发展。2010 年联合国网络安全报告引发了关于将既定国际法原则应用于网络空间的广泛辩论。2015 年 4 月 11 日至 19 日在卡塔尔多哈举行的第十三届联合国大会在讨论关于网络安全问题时，再次强调要采取具体措施，建设安全的网络空间。在预防和打击互联网犯罪方面，会议重点讨论了身份盗窃、僵尸网络、为恐怖主义和贩运人口团伙在网上招募人员以及保护儿童的必要性等问题。此外，还强调了加强国际合作作为确保网络空间安全先决条件的重要性。[②] 2016 年，联合国《特定常规武器公约》（Convention on Certain Conventional Weapons, CCW）第五次审查大会决定建立不限成员名额的"致命性自主武器系统"（Lethal Autonomous Weapon Systems, 简称 LAWS）领域新兴技术政府专家组（CCW-GGE），审查包括人工智能在内的

---

① 张蛟龙：《联合国与全球网络安全治理》，《国际问题研究》2023 年第 6 期，第 100 页。

② Katarzyna Chałubińska-Jentkiewicz, Filip Radoniewicz, Tadeusz Zieliński, eds, *Cybersecurity in Poland: Legal Aspect*, Switzerland: Springer, 2022, p.61.

LAWS 领域新兴技术带来的国际安全挑战。[①]

联合国秘书长古特雷斯也推动设立了一系列网络安全相关的机构和机制，如成立了数字合作高级别小组和秘书长技术特使办公室，提出改革联合国网络空间治理机制，包括互联网治理论坛等，建立全球人工智能高级别咨询机构（High-level Advisory Body on Artificial Intelligence）[②]，推进人工智能监管和制定《全球数字契约》的谈判。目的是加强联合国在数字空间及其安全领域的治理能力，推动国际社会不同行为体就网络安全和人工智能等进行协商和共同治理。

国际电信联盟是联合国负责信息与通信技术事务的专门机构，主要负责分配全球无线电频谱和卫星轨道，制定确保网络和技术无缝连接的技术标准，促进通信网络的国际连接，并努力改善全球服务不足社区对数字技术的获取。在业务层面，国际电联近年来已成为主要参与者，主要是通过组织互联网治理论坛（IGF）、国际电信世界大会（WCIT）和信息社会世界峰会（WSIS）等活动。国际电信世界大会是一个纯粹的政府间会议，其主要任务是审查所谓的《国际电信条例》（ITR），这是一项具有约束力的全球电信条约。《国际电信条例》的修订计划也在国际社会引起了巨大争论，主要关于国际社会内部如何平衡国家安全要求与个人权利

---

① "GGE on Lethal Autonomous Weapons Systems", 14 July 2023. https://dig. watch/processes/gge-laws.

② 人工智能高级别咨询机构由 38 名成员组成：中国、美国、俄罗斯、日本、英国、巴西、西班牙、以色列、德国、韩国、新加坡等多个国家，其中中国有两名专家入选。

和自由。

在网络安全治理方面，联合国最突出的贡献是改善国家间的国际合作，通过成立政府专家组、达成共识报告、分享最佳做法、管理事件、建立信心、降低风险、提高透明度和稳定性等措施加强沟通与合作，通过改善沟通与合作机制和措施改善国家行为体、私人行为体和民间社会之间的合作，最后加强国际网络安全治理建设和能力，促进改善全球网络空间和信息系统安全。

国际刑警组织也参与了全球网络安全监管，主要是在打击网络犯罪方面。该组织于 2014 年成立了国际刑警组织全球创新中心（IGCI），设立了拥有研究、开发和培训设施以及先进的计算机取证实验室，目的是加强跨国网络犯罪取证能力，从而更好地打击网络犯罪。国际刑警组织全球创新中心的工作主要集中在为执法机构评估和开发开源软件，此外，该中心还向目前缺乏足够网络犯罪打击能力的国家提供援助。

此外，七国集团、上海合作组织、金砖国家组织、东盟地区论坛、非洲联盟和美洲国家组织等区域性多边组织也积极参与国际网络空间及其安全治理。

除了政府间国际组织以外，网络空间的治理最初是由互联网协会和万维网联盟等所谓的多利益相关方组织实施的，这些组织主要制定了全球互联网的规范和标准。网络安全领域的重要私营机构包括互联网工程任务组（IETF）、电气和电子工程师协会（IEEE）、互联网名称与数字地址分配机构（ICANN）、国际网络安全保护联盟（ICSPA）和金融服务信息共享与分析中心（FS-ISAC），这些私营组织都有助于协调针对网络攻击的保护措施，并为政府和政府间机构提供专业知识和支持。

互联网工程任务组自 1986 年以来开发了许多当今互联网所依赖的关键软件协议和技术修复。电气和电子工程师协会致力于解决如蓝牙、无线和宽带等与网络连接相关的问题。互联网治理论坛（IGF）是一个多边、多利益相关方的机构论坛，涉及政府、私营企业、技术专家和民间社会代表加强非国家行为者在网络政策中的作用。互联网治理论坛提供了一个平台，让所有利益相关者可以聚集在一起，提出关于互联网治理不同方面的建议，包括安全、开放和隐私等。

世界经济论坛设立了互联世界理事会，来自全球 400 多个组织包括国际消费者组织、网络安全技术协议等的领导人，共同致力于就消费者物联网设备的基本网络安全规定达成共识。代表技术提供商、个人和安全研究人员利益的领导者们决定了五大安全要素作为面向消费者的物联网设备的基本要求：没有通用默认密码、有软件更新、有安全通信、确保个人数据安全以及实施漏洞披露政策。这些努力产生了一份支持声明，呼吁设备制造商和供应商立即采取行动。它得到了来自利益相关者团体的 100 多个组织的支持，包括领先的技术公司、行业组织、民间社会团体和政府网络安全机构。

事件响应和安全团队论坛（FIRST）也是多利益相关者模式。在 FIRST 会议上，政府和非政府信息技术安全专家交流有关攻击和恶意软件的信息和经验，同时建立关系和相互信任。FIRST 还对国内和非政府应急响应小组（CERT）进行认证，为他们提供专业知识，并与国际电联协调其活动，以确保以最有效的方式将私人和公共专家知识结合起来。

互联网名称与数字地址分配机构在制定标准和分配 IP 地址方面发挥着重要作用。该机构是一家根据美国加利福尼亚州法律运营的非营利性公益公司，也是一个非政府组织，但由于其是在美国注册成立的，与美国商务部保持了密切合作。因此，美国政府在该组织内享有比其他参与政府更大的影响力。即使与美国联邦政府解除了合同关系，仍然受美国法律的约束和监管。由于目前全世界管理互联网主目录的根服务器大多放置在美国，且所有的根服务器都受到由美国授权的机构管理，美国在当今互联网根服务器、域名及 IP 地址管理上握有重大发言权。[①] 美国在 ICANN 中的特权地位引起了国际社会的广泛批评。2011 年，印度、巴西和南非呼吁成立互联网相关政策委员会，即一个新的联合国政府间机构，负责监督 ICANN 和其他类似组织，并充当互联网相关事务的国际法院。美国商务部下属机构国家电信和信息局虽然已于 2016 年向 ICANN 移交了互联网域名的管理权，但该机构委派的域名注册服务商之一的美国威瑞信（VeriSign）公司仍然管理着包括".com"和".net"在内的 16 个互联网顶级域名，该公司受美国的司法管辖，使美国拥有实施长臂管辖封锁特定网站域名的权力。[②]

---

① 周秋君：《欧盟网络安全战略解析》，《欧洲研究》2015 年第 3 期，第 64 页。

② 宫云牧：《网络空间与霸权护持——美国网络安全战略的迭代演进与驱动机制》，《国际展望》2024 年第 1 期，第 65—66 页。

（二）国际网络安全治理现状

全球各个国家信息技术发展水平和网络利用率各不相同，网络安全水平也参差不齐。一些国家已经建立了较为完备的网络安全政策体系、应对机制和法律规范，仍然有许多国家尚未制定正式的网络安全战略，即没有一个明确、连贯的网络安全指导战略能让其在国家安全受到网络攻击的威胁时采取制度化的应对措施。

尽管许多学者和利益相关者认为"互联网"是一个全球性问题，但当网络安全涉及国家安全问题时，就不得不强调国家的作用，其治理形式深受主权国家政治、商业和法律的影响。主权国家政府正在塑造网络空间及其安全治理，且重视程度日益提升，国际组织和民族国家越来越多地参与到以前由非国家行为体主导的领域。随着近年来网络安全威胁的频发和网络空间战略重要性的凸显，网络安全治理更是已经转化为主权国家政府治理为主体，国家逐渐成为网络安全领域的决定性力量。

然而，网络空间使用和功能的激增超过了对原有网络空间基础设施进行保护的努力。网络安全是公共、私营和民间社会部门共同关注的问题，因为网络领域负责国家几乎所有的通信、商品和服务。网络安全已经成为一个涉及信息通信技术、公共管理、国防、国际关系和法律等多个学科的领域。网络安全治理涉及全球、区域和国家层面的行动者、机构和机制的复杂相互作用，网络安全包括无国界的挑战，而应对措施在范围上仍然主要是国家治理主导的，这对于全球网络空间安全的需要来说是远远不够的。

正是因为网络安全具有重大的影响，全球各国和国际组织也积极开展网络安全治理。网络空间可以既安全又开放，全球互联互通带来的机遇也可以超过其带来的风险，如果想要保持和扩大这些机会，投资于网络空间的安全及全球治理是必要的。

促进网络安全及其能力建设是国际社会应当共同推动的重要任务，全球规范在应对网络安全风险方面仍存在明显不足。当前网络空间全球治理处于一种国际无政府状态，面临着国家网络主权与多元治理主体之间、网络发达国家与网络发展中国家之间以及网络霸权国与网络大国之间等一系列矛盾冲突的严峻挑战。① 鉴于网络安全的跨国性和复杂性，世界各国必须加强交流与合作，各国、各个组织机构通力协作才是应对网络威胁的根本路径。但国际社会在网络空间全球治理的基本原则、治理模式、合作理念和利益诉求等方面存在较大分歧。由于参与国之间在监管问题上存在根本性意见分歧，全球国际组织受到冲突的阻碍，很难在网络安全政策方面取得重大进展。且地缘政治博弈已经蔓延至网络空间，网络空间低频度冲突急剧增加，但由于主要网络大国之间信任度降低，各国难以就网络特定多边条约和适用于敌对网络行动的习惯国际规则达成一致，全球网络安全治理难以形成普遍有效的国际法规则，以及网络安全治理呈现区域化的现象。国际社会对网络空间的秩序和治理愿景未能形成有效努力，特别是随着数字变革的步伐不断加快，全球治理实践在数字和网络安全监管

---

① 檀有志：《网络空间全球治理：国际情势与中国路径》，《世界经济与政治》2013 年第 12 期，第 25 页。

方面明显落后于对数字技术及其影响的依赖，国际网络空间及其安全治理面临困境和赤字。

互联网由西方发达国家发明创造，包括网络空间及其治理在内的各类全球规范和制度框架大都是由西方发达国家主导制定的，主要反映西方的价值观和利益，并不符合网络后发国家特别是发展中国家的利益和发展需求。在网络和信息领域占据制高点的国家能够更好地在经济领域获利，甚至少数国家将其运用至政治和军事领域并推行网络霸权主义，因此，国际网络及其安全治理的规范、制度框架亟须改善。与此同时，部分地区和国家民粹主义盛行，逆全球化声势高涨，世界经济复苏乏力，地缘政治危机频发且冲突规模扩大，网络安全威胁日益加剧，许多国家开始大力建设网络军事力量，致使网络安全治理面临严重的"安全困境"。网络霸权主义、单边主义、反全球化及大国博弈等因素导致联合国等多边国际合作机制作用受阻，传统安全和非传统安全问题相互交织，更加凸显了全球网络安全治理赤字。

第三节　网络安全治理对欧盟的重要性

与世界其他国家和组织一样，欧盟对网络安全问题及其治理日益重视。数字化现象是全球性的，但越发达国家的数字化程度越高。大部分欧盟成员国的互联网用户占其人口的比例很高，欧盟连接互联网的设备已经达到数十亿台之多，其互联程度在全球名列前茅。个人、企业和组织机构运用这些设备进行日常生活、从事商业活动和参与政治，这种联通性也意味着欧盟国家也是最容易受到网络威胁的国家。欧洲成员国一直是网络犯罪、网络攻击和网络间谍活动的主要目标，欧盟机构也已经成为网络攻击和网络间谍的目标，集体网络安全逐渐被纳入欧盟一体化和发展进程之中，网络安全问题被视为对欧洲安全与繁荣的威胁，网络安全已然成为欧盟最重要的政策优先领域之一，网络安全治理对欧盟具有重要意义。同时，欧盟一直将自身标榜为"全球参与者"和"国际规范的领导者"，自然也不会缺席网络安全治理这一国际治理的重要领域。

一、欧盟网络发展概况

先进的互联网和连接基础设施、服务将成为人工智能和虚拟世界等变革性数字技术和服务的关键推动者，并有助于解决能源、交通或医疗保健等领域的社会挑战，并支持社会和产业的创新。互联网连接技术主要包括数字用户线路（DSL）、电缆宽带、光纤到户、无线局域网（Wi-Fi）、3G、4G、5G和卫星等。欧盟的互联网普及率较高，大多数成员国的家庭和企业都能接入互联网。

欧盟家庭互联网接入主要通过固定宽带接入技术，不同成员国和地区之间的数字差距仍然存在，东欧和南欧部分国家的家庭互联网接入率和网络质量相对较低，城市家庭的光纤覆盖率也明显高于农村地区。到2023年年中，超过1.88亿户欧盟家庭（97.7%）至少使用了一种主要的固定宽带接入技术（不包括卫星），城市地区的家庭互联网接入率通常高于农村地区。[①] 欧盟家庭光纤到户（FTTH）和光纤到楼（FTTB）的覆盖率逐年增加，尤其是在北欧和西欧国家，许多家庭已经升级到高速光纤宽带，享受千兆甚至更高速率的互联网接入，但东南欧国家光纤覆盖率相对较低。这种不均衡导致欧盟整体的高速互联网接入率有限，只有64%的家庭可以接入光纤，且千兆连接的使用率极低，仅为18.5%。[②]

在不断发展的数字环境中，移动互联网具有重要的战略意义，移动互联网的可用性和速度已经决定了全球地区在市场上的竞争力。移动互联网在欧盟公民的日常生活中扮演着重要角色，广泛应用于社交媒体、电子商务、在线教育、远程办公、导航和娱乐等领域。2020年之后，移动互联网在欧盟的使用率进一步上升，推动了欧盟数字化转型。欧盟的移动互联网普及率非常高，大多数公民都拥有智能手机并使用移动互联网服务。4G/LTE网络在欧盟广泛普及，大多数欧盟成员国已经实现了4G网络的全面覆盖，城市和农村地区都能享受到稳定的高速移动互联网服务。5G网络能够提供更高的速度、更低的延迟和更大的连接密度，支持更多创新应用和服务。目前，欧盟5G网络的部署正在加速进行，部分欧盟成员国已经推出了5G商用服务，整体覆盖率仍在提升中。欧盟5G总体覆盖率在2023年达到了89%，5G频段中700MHz和

---

① European Commission, Broadband Coverage in Europe 2023: Mapping progress towards the coverage objectives of the Digital Decade, Luxembourg: Publications Office of the European Union, 2024, p.7.

② European Commission, 2030 Digital decade: Report on the State of the Digital Decade 2024, Luxembourg: European Union, 2024, p.16.

3.6GHz 两个频段现已在各成员国中广泛分配，但 26GHz 先锋频段仅在 12 个成员国中获得授权，高质量 5G 仅覆盖了欧盟领土的50%（基于主要先锋频段）。[①]

　　数字网络基础设施是数字经济和数字社会蓬勃发展的基础。欧盟计划了多个项目将会投资于加强数字基础设施建设。如"投资欧盟"（Invest EU programme）计划中预计 52.4 亿欧元将用于支持数字化，并动员高达 740 亿欧元的公共和私人投资，这笔资金将为另外 142 万户家庭、企业或公共建筑提供超高容量网络（Very High Capacity Network, VHCN）接入，并将创建大量 Wi-Fi 热点。[②]欧盟还通过 2020 年数字议程（Digital Agenda 2020）、2025 年千兆社会（Gigabit Society 2025）和 2030 年数字十年（Digital Decade 2030）目标等为欧洲的数字化转型建立了一个渐进式框架。"数字十年"发展战略设定了到 2030 年实现 5G 覆盖所有人口和所有地区的千兆连接目标。

　　总体而言，欧盟的互联网连接率在全球范围内处于领先水平，标准移动宽带的使用率更高。但在不考虑人口密度的情况下，欧盟的固定和移动宽带覆盖范围落后于世界其他地区，特别是在千兆光纤覆盖和 5G 方面，且高速固定宽带用户的使用率低于美国、

---

　　① European Commission, EY, Policy Tracker, LS telcom, Digital Decade 2024: 5G Observatory Report, UK: Ernst & Young Global Limited, 2024, pp.6, 18.

　　② European Commission, EY, Policy Tracker, LS telcom, Digital Decade 2024: 5G Observatory Report, UK: Ernst & Young Global Limited, 2024, pp.38, 42.

韩国和日本。① 即欧盟的互联网连接基础设施普及范围较广，但存在分布不均和质量有待提高的情况。尽管欧盟在缩小数字鸿沟方面取得了一定进展，但城乡之间和不同成员国之间的数字差距仍然存在。网络基础设施建设也是欧盟未来发展计划的重点之一。千兆网络和互联网服务的提供和利用对欧洲未来的经济发展和竞争力以及整个社会的进步影响重大，欧盟仍需继续努力缩小数字鸿沟，致力于进一步加快宽带发展，提升网络质量和安全性，以支持全面的数字化转型和可持续发展。

二、网络安全与欧盟安全

网络和信息技术的发展和在欧盟的高普及率运用使得欧盟的关键基础设施、经济发展甚至政治安全都会受到网络安全的影响。加强网络安全建设有利于欧盟保持社会生活平稳运行、经济创新和发展、在全球保持竞争力和领导力，网络安全治理对欧盟意义重大。

（一）网络安全与关键基础设施

当下许多商业模式都是建立在互联网的不间断可用性和信息系统的平稳运行之上的。数字技术支撑着复杂的系统，使欧洲经济在金融、卫生、能源和交通等领域保持运行。欧洲社会越来越依赖电子网络和信息系统，数字技术已经成为欧洲经济的支柱和

---

① European Commission, White Paper-How to master Europe's digital infrastructure needs? Brussels: European Commission, 2024, p.6.

所有经济部门依赖的关键资源。欧盟官方的声明和主要政策文件中都一再强调，网络和网络支持的关键基础设施在极大程度上构成了欧盟经济和政治进程的基础。网络和数字服务等关键基础设施承载了社会的许多关键功能，因此也成为网络攻击的主要目标。根据记录，2019 年欧盟遭受了约 450 起针对其能源、供水部门等关键基础设施以及卫生、运输和金融部门信息和通信技术的攻击。[①] 网络安全事件，无论是故意的还是意外的，都可能破坏社会生活基本的服务供应，比如水和电力供应。

　　安全和可持续的数字基础设施是欧盟 2030 年数字十年政策计划的四个要点之一。由于银行、能源或交通等关键部门日益全球化、数字化依赖和互联性，大规模网络安全事件很少只影响一个成员国，因而欧盟未来的安全取决于欧盟保护自身免受网络威胁的能力。近期的地缘政治冲突凸显了关键基础设施安全的重要性，以及网络连接解决方案的补充作用，以确保在任何情况下都能提供不间断的服务。关键基础设施与社会平稳运行和发展息息相关，确保网络安全对由数字系统支持的关键基础设施保护是重中之重，保障此类基础设施和服务的提供商和运营商免受网络威胁是欧盟网络安全治理的关键。

---

① Annegret Bendiek, Matthias C. Kettemann, "Revisiting the EU Cybersecurity Strategy", SWP Comment No.16, Berlin: Stiftung Wissenschaft und Politik (SWP), 2021, p.1.

（二）网络安全与欧盟经济发展

信息通信技术和数字经济的进步为公民福祉和企业增长带来了巨大潜力，网络安全融入社会生活的方方面面，为经济增长提供了机会，但这种新范式也带来了可能对经济产生重大影响的网络安全挑战。前任欧盟主席容克表示，鉴于恶意软件传播的速度和危害性，网络威胁可能比"枪支和坦克"能更有效地破坏国家的经济稳定。[①] 网络攻击已经直接影响了成千上万欧洲人的日常生活，并给欧洲造成了巨大的经济损失，并对执法部门的应对能力造成越来越大的压力。

欧盟已经明确认识到网络安全正成为一个关键的优先事项，还因为信息和通信技术已成为欧洲经济的增长和竞争力的关键因素。欧盟委员会估算认为所有生产力增长的一半来自信息和通信技术，因此消除贸易壁垒，构建单一数字市场是欧盟数字经济发展的重要步骤。根据预测，这一市场建成后每年将给欧盟额外贡献4150亿欧元的收入，并增加大量就业机会。[②] 网络威胁等安全

---

① Jean-Claude Juncker, Resilience, Deterrence and Defence: Building strong cybersecurity in Europe, State of the Union Address, Brussels: European Commission, 2017, p.1.

② European Commission. The Digital Agenda for Europe-Driving European growth digitally, Brussels: European Commission, 2012, p.3; European Commission. A Digital Single Market Strategy for Europe, Brussels: European Commission, 2015, p.3.

因素不仅给欧盟带来巨大的经济损失，也影响了欧盟用户对数字网络的信心，这将对欧盟数字化转型和构建欧洲单一数字市场产生负面影响。

网络安全已经成为欧盟委员会塑造欧洲数字未来议程的重要组成部分，欧盟数字经济发展离不开网络安全，加强网络安全以提升用户的信心对欧盟而言势在必行。发展必要的网络安全技术能力，才能够保护欧洲数字单一市场，特别是保护关键网络和信息系统，并提供关键网络安全服务，这符合欧盟的安全利益和发展要求。欧盟开始意识到网络安全在建设可持续数字化未来中的重要性，要达到高安全标准，参与日益发展的网络经济，就必须要把网络安全作为首要任务，在各项政策领域加以落实。

（三）网络安全与欧盟战略利益

网络空间的战略意义不断上升，越来越多的国家确定将网络空间用于战略目的，这加剧了人们对网络冲突升级可能性的不安，导致部分国际行为体试图以更安全的名义在网络空间等虚拟领域建立自己的优势和权威，欧盟也不例外。从战略角度来看，欧盟也必须能够自主保护其数字资产，并在全球网络安全市场上竞争。除了民用技术之外，网络空间被军事力量视为军事活动除了陆地、海洋、空中和太空以外的第五领域，这使得网络安全在欧盟共同安全和防务政策中也占据重要地位。

网络安全的技术工具是战略资产，也是未来的关键增长技术。技术创新和进步从一开始就在欧洲一体化的过程中发挥了极其重要的作用，并且已经在欧盟作为规范性力量的叙述中根深蒂固。[①]
确保欧盟发展、加强数字技术和必要的网络安全能力，并提供关
键的网络安全服务，以保护其数字经济、社会和民主，保护关键
的硬件和软件，符合欧盟的战略利益。

---

① Thomas J. Misa, Johan Schot, "Inventing Europe: Technology and the Hidden Integration of Europe", *History and Technology*, Vol 21, 2005: pp. 1-2.

第二章 欧盟网络安全治理历史发展阶段

欧盟网络安全治理发展的历史进程可以划分为网络安全意识萌芽的早期阶段、开始初步建立欧盟网络安全框架的发展阶段和在欧盟层面整合与强化网络安全治理的深化阶段。欧盟网络和信息技术发展较早较快，但对网络安全的关注最初是相对迟缓的。欧盟条约中规定国家安全是成员国的责任，国家安全相关的领域原则上都属于成员国的权力范畴，每个成员国对网络安全风险的理解和国家安全的优先事项都不尽相同，协调国家和地区政策达成一致尤为复杂，因此欧盟整体的网络安全政策和战略都出现得较慢。

欧盟早期的网络安全治理体现了其网络安全意识的萌芽，政策措施以加强信息安全和打击网络犯罪为重点。欧盟在2004年建立了网络与信息安全局，但直到2007年爱沙尼亚遭受严重的网络攻击后，欧盟及其成员国被敲响了警钟，才开始加强对网络安全建设的关注，特别是在欧盟整体层面建立网络安全治理框架，并在协助成员国发展国家网络安全能力和与欧盟合作方面发挥了重要作用。2013 年欧盟出台了第一个欧盟整体层面的网络安全战略，在网络安全治理领域加强顶层设计和制度架构，强调了增强网络信息系统的弹性，减少网络犯罪的同时，提出加强欧盟国际网络安全政策和网络防御，目的是主动应对和预防网络攻击，提高欧盟整体网络安全水平。

第一节　网络安全意识的萌芽期（1993—2003年）

欧盟自成立到 21 世纪初，对网络安全的关注基本集中在信息和数据安全以及网络犯罪方面。尽管欧洲个人互联网接入变得越来越多，网络犯罪等问题开始出现，2003 年的欧洲安全战略仍然没有提及网络信息安全问题，表明欧盟对网络安全的关注不足。欧盟认为与网络空间相关的不安全或威胁仅仅是可以处理的技术故障，对网络安全的理解仍然是一个"经济"问题，与欧洲单一市场的发展相关。起初欧盟将网络安全领域的网络和信息安全政策的主导权放置在成员国的手中，应对网络空间挑战主要取决于成员国各自的政策和措施。虽然欧盟在该领域出台了一系列欧盟层面的指导性和倡议文件，旨在提高成员国对网络威胁的认识和对网络安全的共同关注，但由于欧盟整体的网络安全治理仍处在初步发展阶段，缺乏统一的战略和执行框架，且成员国之间网络基础设施和技术水平差距较大，治理呈现出分散和碎片化的特征。

一、网络安全问题：信息安全风险、网络犯罪问题兴起

网络空间面临的威胁是推动其安全制度、战略和政策发展的动力，欧盟最初在网络安全问题上采取行动的动力来源于经济方面。欧盟成立之初，整体经济发展迟缓、失业率逐步攀升，与此同时，新的信息和通信技术正在对全球经济和社会产生革命性和根本性的影响，欧盟认识到信息社会的成功对欧洲经济的增长、竞争力和就业机会的提高具有重要意义。

（一）信息数据安全风险

信息安全风险和网络犯罪问题的兴起阻碍了欧盟形成有利于信息社会发展的良好环境。欧盟网络安全治理起步的初期几乎将信息系统安全与网络安全对等，信息安全风险主要来源于基础设施不完善、各成员国技术标准及安全水平差异和安全防护意识薄弱等。

1993 年欧盟成立时，互联网技术尚处于早期发展阶段，欧盟在这一时期的网络基础设施相对薄弱，难以满足日益增长的数字化需求。欧盟文件显示按人均计算，美国拥有的安全服务器数量是欧盟的六倍，而且在 2000 年 3 月至 9 月的调查中，这一差距并没有缩小。[①] 欧洲各国的网络基础设施建设水平参差不齐，在信息

---

①　Organisation for Economic Co-operation and Development (OECD), Communications Outlook 2001, Paris: OECD Publications Service, 2001, p.114.

安全方面的能力差距也较大。欧盟成员国在电信基础设施上的投入差异显著，部分国家如德国、英国和法国等拥有较为先进的网络基础设施，在数据保护技术上的标准也较高，而其他成员国则相对落后。这种基础设施的不均衡导致跨境数据传输中的安全漏洞频发，欧盟网络安全防护能力失衡和不足，尤其是在应对跨国网络攻击时，成员国之间的协调与信息共享机制尚未成熟，进一步加剧了网络安全风险。

另一方面，欧盟电信和通信系统安全的规范和技术标准尚未统一，应对信息系统安全问题的标准化流程也未建立。技术壁垒导致欧盟内部的网络安全警报未能实现实时共享，没有统一标准的应急响应机制则造成各成员国面临网络安全事件时应对效率差距较大。2000年的"I Love You"病毒事件暴露了欧盟在网络安全应急响应上的不足，成员国之间的信息共享与协作机制未能及时启动，导致病毒在欧洲范围内迅速蔓延。

同时，保障网络安全是共同责任，需要多方共同努力，但最终用户在确保网络和信息系统的安全方面发挥着举足轻重的作用，用户需要意识到他们在网上面临的风险，并采取步骤来防范这些风险。用户缺乏安全意识是网络安全的重大挑战，导致了网络安全系统的薄弱。在大多数情况下，基本的计算机卫生，如保持软件更新、使用强密码和加密敏感数据等足以保护计算机免受网络攻击的影响。由于信息社会的发展仍处于起步阶段，欧盟企业和个人用户对网络安全的重要性认识明显不足，缺乏基本的安全防护意识和措施。一些企业没有安装有效的防火墙和杀毒软件，员工也没有接受过相关的安全培训，极易成为网络攻击的目标。欧盟有 45% 的人在工作中使用电脑，但平均只有 23% 的人接受过正式的计算机培训，且成员国之间的差别很大，有些成员国的正规培训水平特别低。[1]

（二）计算机犯罪迅速增长

20 世纪 90 年代末，受到国际社会对计算机相关犯罪的关注的影响，欧盟也开始关注互联网上的非法和有害内容，以及迅速增长的高科技犯罪。进入 21 世纪，互联网和电子银行等技术创新被证明是极其方便的犯罪工具。[2] 互联网使用的普及伴随着网络犯罪活动的激增，从信息和资金盗窃到网络诈骗等。信息系统和数字通信手段被运用到犯罪中，利用了货物、资本、服务和人员的自由流动，犯罪越来越多地被跨越国界组织起来。网络犯罪和"传统"犯罪之间界限的模糊加剧了犯罪威胁，因为犯罪分子既将计算机和信息系统作为扩大活动规模的途径，也将其作为寻找新犯罪方法和工具的来源。犯罪行为不再仅仅是个人的领域，而且也涉及遍及文明社会各种结构的组织，甚至整个社会，有组织网络犯罪和国际恐怖主义不断增加。越来越多的网络犯罪包括通过计算机实现的犯罪，如网络入侵和传播计算机病毒，以及现有犯罪的网络变体。计算机和网络犯罪日益成为对社会的威胁，开始成为全球最突出的安全问题之一。

---

[1]　Commission of the European Communities, eEurope 2002: Impact and Priorities, Brussels: Commission of the European Communities, 2001, p.8.

[2]　Council of the European Communities, Action Plan to Combat Organised Crime, Brussels: European Communities, 1997, p.1.

然而，预防和制止这些犯罪活动的有效手段发展缓慢。这一时期欧盟成员国之间以及与其他国家之间在网络犯罪的追踪和执法方面存在困难。网络犯罪往往具有跨国性，涉及多个国家的法律和司法管辖权问题，欧盟成员国之间网络犯罪存在管辖权争议，对网络犯罪缺乏统一的定义，缺乏有效的合作机制和信息共享平台，打击网络犯罪亟须合作。计算机犯罪已经发展成为当代信息社会的主要威胁，针对计算机犯罪的措施必须是国际性的，欧盟需要以更全面的解决方案为目标。

二、治理进程与目标：基础设施建设、加强打击网络犯罪及其合作

欧盟在 20 世纪 90 年代就已经开始了电子通信和计算机安全方面相关的活动，欧盟成立的基础是经济合作。在成立之初，因为通信技术对经济功能的意义，为了促进欧洲单一市场的发展，欧盟开始关注信息社会发展及其安全方面，这只是作为对核心经济政策的辅助，试图通过建设欧盟信息社会来促进欧盟经济的增长。欧盟理事会在 1994 年通过"泛欧电信网络"计划（trans-European-network-telecommunications programme, TEN-telecom），开始了欧盟信息高速公路建设，该计划涵盖了信息安全保障在内的多个方面。在这一时期网络安全要素并未在欧盟获得独立战略地位，而是作为经济政策体系的配套支撑存在。欧盟主要是通过基础设施建设、数据保护、电信行业监管和提出统一的安全规范及标准来实现其信息安全保障。

（一）基础设施建设和统一信息数据安全标准

1992 年，欧盟信息系统安全领域行动计划包含了制定资讯系统安全的规范、标准化、评估及认证。[①] 1993 年，欧盟委员会发布的《增长、竞争力和就业白皮书：21 世纪的挑战和前进的道路》，将发展信息社会视为机会，强调网络基础设施建设，提出了加速建立"信息高速公路"（宽带网络）并开发相应的服务和应用，建立适当的监管框架和保护隐私并确保信息和通信系统的安全的目标，以帮助解决就业问题、促进欧洲竞争力和经济增长。[②] 该报告和 1994 年发布的《班格曼报告：欧洲与全球信息社会报告》等文件都认可了信息技术对欧洲市场的增长、单一市场基础的发展和维持欧洲创新经济的强劲至关重要，描述了欧盟对信息社会的愿景，提出应加强网络建设，为信息社会的发展提供基础设施支持，制定一种共同监管方法，以建立一个有竞争力的欧洲信息服务市场。

欧盟还出台了多个指令致力于统一欧盟国家的数据隐私保护标准，要求各成员国有效保护网络用户个人数据安全与隐私不受

---

①　The Council of European Communities, Council Decision of 31 March 1992 in the Field of Security of Information Systems, Brussels: European Communities, 1992, pp.22-25.

②　European Commission, Growth, Competitiveness, Employment: The Challenges and Ways Forward into the 21st Century, Brussels, Luxembourg: Office for Official Publications of the European Communities, 1993, p.14.

侵犯。1995 年欧盟颁布了《私人数据处理及自由流通中保护个人的指令》，要求成员国应当保护用户在处理个人数据方面的隐私权，但不能因此限制或禁止个人数据在成员国之间的自由流动，可以限制或禁止本国数据流向缺乏数据保护能力的国家或地区，目的是保障跨境数据流动的安全。① 1997 年，欧盟又颁布了《关于电信部门个人资料的处理及隐私保护的指令》，要求电信服务的提供者必须采取适当的技术和组织措施，保障其服务的安全，旨在加强通信保密性和对个人数据的保护。②

鉴于欧洲迫切需要迅速利用新经济，特别是互联网的机会，欧盟在 1999 年 12 月启动了电子欧洲（eEurope）行动计划，目标是将所有欧洲人带入数字时代，创建一个数字化的欧洲。随后，欧盟更新了电子欧洲行动计划，将打造全民信息社会的重点放在加快营造良好的法治环境、支持欧洲各地建设新的基础设施和服务，最终目的是在欧洲打造一个更便宜、更快、更安全的互联网，以创造世界上最具活力的知识型经济。在这之后，欧盟互联网普及率呈现显著增长的趋势，在 2000 年 3 月至 10 月的半年时间里，境内的渗透率从平均 18% 上升到 28%，虽然成员国之间仍然存在差异，但普及率低的国家增长速度更快，高速互联网也在欧盟开

---

① The European Parliament and of the Council, Directive on the Protection of Individuals with Regard to the Processing of Personal Data and on the Free Movement of such Data, Brussels: European Communities, 1995, p.38.

② The European Parliament and of the Council, Directive 97/66/EC of the European Parliament and of the Council of 15 December 1997 concerning the processing of personal data and the protection of privacy in the telecommunications sector, Brussels: European Communities, 1997, pp.4-6.

始普及。① 欧盟委员会在 2001 年就网络和信息安全提出了政策方针建议，将网络和信息系统定义为"数据存储、处理和流通的系统，由传输组件、支持服务、与网络相连的应用程序和终端设备等组成"。这份文件还描绘了影响安全事件的具体形式，提出提高网络安全意识、建立可靠的欧洲预警和信息共享系统以及在技术支持、面向市场的标准化和认证、关于网络犯罪的立法和加强国际对话与合作等加强信息社会安全和信任方面的具体的措施建议。② 这是欧盟第一份关于网络安全的政策文件，表明网络和信息安全正逐渐成为欧盟一个关键的优先事项。

2002 年的《电子通信网络和服务的共同规管架构》规定了国家监管机构的任务，并建立了一套程序，以确保监管框架在整个欧盟的协调应用，为电子通信服务、电子通信网络、相关设施和相关服务的监管建立了一个协调框架。③《关于隐私与电子通信指令》试图规范电子通信服务提供者的数据处理行为，为欧盟互联网服务供应商及其他电信服务供应商订立了安全保障规定，包括

---

① Commission of the European Communities, eEurope 2002: Impact and Priorities, Brussels: Commission of the European Communities, 2001, p.5.

② Commission of the European Communities, Network and Information Security: Proposal for a European Policy Approach, Brussels: European Communities, 2001, pp.6-25.

③ The European Parliament and of the Council, Directive 2002/21/EC of the European Parliament and of the Council of 7 March 2002 on a common regulatory framework for electronic communications networks and services (Framework Directive), Brussels: European Communities, 2002, p.38.

就网络事故做出报告的规定。[①] 这一时期欧盟制定信息和网络安全政策和法规主要是为了加强欧盟各成员国的网络安全意识，敦促各成员国支持网络基础设施建设，提高网络安全意识，统一欧盟境内的安全规范和技术标准，由此来加强网络和信息安全，并防止因各成员国在这一问题上的不同规定和标准造成欧盟信息社会和数字市场发展的不利环境。

（二）加强打击网络犯罪及其合作

随着计算机和互联网的普及，网络犯罪在全球范围内开始逐渐增多。尽管这一时期的网络犯罪多是无组织的、个人的犯罪活动，却在个人互联网接入不断增多的欧洲社会中呈现显著增多的趋势。从 20 世纪 90 年代末到 21 世纪 00 年代中期，欧盟在计算机犯罪领域出台了一系列不具备强制约束效力的文书和倡议，旨在提高成员国对网络犯罪的认识和共同关注，在欧盟内部推动网络犯罪相关立法。

1999 年 2 月，鉴于互联网上传播的有害和非法内容的数量可能不利于建立欧盟经济特别是数字经济发展的必要良好环境，欧盟委员会为了确保消费者充分利用互联网，发布了通过打击网络上的非法和有害内容，促进更安全地使用互联网的行动计划。该

---

① The European Parliament and of the Council, Directive 2002/58/EC of the European Parliament and of the Council of 12 July 2002 concerning the processing of personal data and the protection of privacy in the electronic communications sector (Directive on privacy and electronic communications), Brussels: European Communities, 2002, p.43.

行动计划为期四年 ①，财政预算为 2500 万欧元，包括在欧盟委员会
的指导下促进行业自我监管和内容监控计划，鼓励行业提供过滤
工具和评级系统，提高用户对行业提供的服务的认识，支持诸如
评估法律影响等行动和促进国际合作等措施。② 欧洲议会还要求对
与计算机有关的罪行做出普遍可接受的定义，并要求有效地协调
立法。

　　欧盟委员会于 2001 年 1 月 26 日发布打击计算机犯罪的相关
通信文件，提出高科技犯罪领域的实体刑法的立法，推动建立专
门的打击计算机犯罪的刑警机构，鼓励在欧洲层面采取信息安全
行动，还打算通过多方联合论坛的形式提高公众对互联网上的犯
罪分子所构成的风险的认识，推广最佳的安全做法，确定有效的
反犯罪工具和程序，以打击与计算机有关的犯罪，并鼓励进一步
发展预警和危机管理机制。《网络和信息安全：欧洲政策方法的
建议》中也提出了建立欧洲预警和信息系统以及关于网络犯罪的
立法。

　　与此同时，欧盟通过起草关于打击网络犯罪的公约，在打击
网络犯罪方面加强成员国之间以及国际上的合作。欧洲委员会于
1997 年 2 月就已开始准备起草一项关于打击网络犯罪的国际公约。

---

① 从 1999 年 1 月 1 日至 2002 年 12 月 31 日。

② The European Parliament and of the Council, Decision No 276/1999/EC of the European Parliament and of the Council of 25 January 1999 adopting a multiannual Community action plan on promoting safer use of the Internet by combating illegal and harmful content on global networks, Brussels: European Communities, 1999, pp.3, 6-10.

1999 年 5 月，作为欧盟打击高科技犯罪战略的一部分，欧盟理事会通过了关于欧洲委员会网络犯罪公约谈判的共同立场，包括支持欧洲委员会网络犯罪公约草案的起草，公约草案的规定应充分补充和推动实体立法，促进有关计算机和计算机辅助犯罪方面的互助和迅速合作等。[①] 2001 年 11 月 23 日欧盟委员会出台了《网络犯罪公约》(Convention on Cybercrime, 又名《布达佩斯网络犯罪公约》)，该公约是第一个关于打击通过互联网和其他计算机网络实施犯罪的国际条约，开放供欧盟成员国和参与制定的非成员国签署，并允许其他非欧盟成员国加入。《公约》内容涉及与计算机有关的欺诈、侵犯版权、儿童色情制品和违反网络安全的行为，主要目标是通过适当的立法和促进国际合作推行一项共同的刑事政策，以保护社会免受网络犯罪的侵害。

三、治理特征：协调为主、分散和碎片化

20 世纪 90 年代初，以电子方式存储、处理和传输的信息及其系统已经开始在经济和社会活动中发挥着越来越重要的作用。到 21 世纪初，欧盟网络安全治理的重点放在推动基础设施建设，加强用户对潜在网络威胁的认识，将技术和安全规范标准化，建立计算机犯罪的共同定义，起草和推动网络犯罪国际公约的定义，协调和促进成员国合作，以期就欧洲安全的网络社会应该是什么

---

① Council of the European Union, 1999/364/JHA: Common Position of 27 May 1999 adopted by the Council on the basis of Article 34 of the Treaty on European Union, on negotiations relating to the Draft Convention on Cyber Crime held in the Council of Europe, Brussels: European Communities, 1999, pp.1-2.

样子达成共识，减少应对安全事件和打击网络犯罪的障碍，形成有利于数字经济发展的安全的互联网环境。

一方面，欧盟在这一阶段几乎很少使用强制性监管工具来维护网络安全，也没有积极强调使用超国家或国家能力进行治理，而是依赖于无法律约束力的倡议和指导文件，对成员国在网络安全领域的规范、立法以及它们之间的合作进行建议、敦促和协调。欧盟出台了多个指令和文件协调、统一成员国的网络信息系统安全相关定义和数据保护规定，以确保各成员国电信部门在处理个人数据方面具有同等保护水平，并确保这些数据以及电信设备和服务在共同体内的自由流动。欧盟在帮助欧洲提高成员国网络安全认识和协调成员国合作方面发挥了积极作用，但在促进成员国网络安全能力建设方面存在不足。如1995年《私人数据处理及自由流通中保护个人的指令》等多个指令都需要成员国通过国内法转化实施，各成员国的执行效力参差不齐，丹麦在1998年才完成立法转化，而卢森堡则因资源限制未能建立独立数据监管机构，这大大削弱了欧盟应对系统性信息安全风险的能力。

另一方面，欧盟在网络安全领域的治理主要依赖于成员国的自主行动，由于没有建立欧盟层面的以及成员国层面统一的预警和应对机制，缺乏统一的战略规划与执行框架，网络安全事件的处理基本是在事件发生之后的被动应对，缺乏预先的防范措施。这种分散化的治理模式使得欧盟在面对日益复杂的网络威胁时，难以迅速做出有效回应。欧盟在这一时期的网络安全治理还受到成员国之间利益分歧的制约。由于各成员国在网络技术发展水平、经济利益与安全需求上的差异，欧盟在制定统一的网络安全政策时面临重重阻力。例如，2002 年欧盟发布的《关于隐私和电子通信的指令》试图规范电子通信服务提供者的数据处理行为，但由于成员国在隐私保护与商业利益之间的权衡不同，指令的实施效果有限。这种利益分歧进一步加剧了欧盟网络安全治理的碎片化，使得欧盟难以在网络安全领域形成统一的战略共识。

第二节　开始建立欧盟网络安全治理框架期 (2004—2013年)

这一时期信息通信技术服务、技能、媒体和内容领域日益成为欧洲经济和社会的一部分，是促进经济增长和就业的强大动力，欧盟四分之一的 GDP 增长和 40% 的生产率增长归功于信息通信技术。[①] 随着信息通信技术重要性的上升，面临的网络攻击规模化且攻击技术也不断升级，欧盟意识到成员国网络安全水平差异和治理碎片化带来的负面影响，并认识到网络安全问题蕴含的巨大风险，开始将之与欧盟整体安全挂钩。由于可能面临的巨大威胁，欧盟加强了对网络安全的关注，处理网络安全问题的方式开始发生显著变化。从使用没有强制约束力的超国家协调工具转变为具有法律约束力的工具，开始建立欧盟层面的网络安全治理框架，并出台了第一个整体层面的网络安全战略，进行网络安全制度的

---

① Commission of the European Communities, i2010 - A European Information Society for growth and employment, Brussels: Commission of the European Communities, 2005, p.3.

顶层设计，在整体层面加强网络安全能力建设，提升欧盟网络安全水平。

一、网络安全问题：网络威胁规模化、成员国能力差距

随着数字化的加快，欧盟面临的网络威胁呈现规模化和复杂化的趋势，关键基础设施攻击频发、网络犯罪系统化和网络间谍活动加剧等传统和非传统网络威胁都成为欧盟不容忽视的网络安全问题。成员国网络安全保障能力的差异和缺乏统一的应对机制和战略规划也导致欧盟整体的网络安全水平较低。

（一）网络威胁呈现复合性和规模化

欧盟面临的网络安全威胁日益加剧，不仅数量在不断增加，其多样性和复杂性也在增加。网络攻击已经上升到前所未有的复杂程度，垃圾邮件、网络病毒、蠕虫和其他形式的恶意软件，变成了为了利润或政治原因而进行的复合型和规模化的活动。"9·11"事件后非传统安全威胁也持续上升，欧洲一些城市经历了恐怖袭击的威胁，恐怖主义与信息技术的结合使得其威胁性更大，恐怖主义组织通过网络来进行指挥和联络，更加隐秘和难以防范。针对政府和关键基础（如能源、交通、金融系统）的网络攻击威胁也日益增多。2007年爱沙尼亚遭受了大规模网络攻击，导致政府、银行和媒体系统瘫痪，凸显了部分欧盟成员国关键基础设施的脆弱性。

网络犯罪的高利润加之犯罪分子可以利用网站域名的匿名性，使其成为增长最快的有组织的犯罪形式之一，全球每天有超过一

百万人成为受害者。^① 网络洗钱行为与网络欺诈结合，通过网络交易进行非法走私活动等都体现了网络犯罪分子及其犯罪网络正变得越来越复杂。网络犯罪技术的发展也迅速加速，欧盟面临网络犯罪规模化与技术升级的双重挑战。2011年奥地利、波兰、希腊等成员国的国家注册系统遭黑客入侵，这些国家的碳排放额被盗。跨境支付欺诈和身份盗用问题、针对金融系统和政府机构的钓鱼攻击、恶意软件传播和数据窃取事件频发反映出网络犯罪已成为系统性风险。

网络间谍活动的问题因许多国家使用网络攻击作为收集信息的手段而不断加剧。为了进行网络间谍活动，部分政府甚至与能够闯入企业数据库并窃取具有重要战略意义的知识的私人黑客组织合作。2011年慕尼黑安全会议上，时任德国内政部部长的托马斯·德·迈齐埃（Thomas de Maizière）透露，德国政府网络每天受到4—5次外国情报机构攻击。^② 欧盟超过十分之一的互联网用户已经成为网络欺诈的受害者，各种网络风险的增多影响了互联网用户的信任和信心。2012年欧洲晴雨表（Eurobarometer）的一项调查显示，近三分之一的欧洲人对自己使用互联网办理银行业务或购物的能力没有信心，绝大多数人还表示，出于安全考虑，他们避免在网上披露个人信息。

---

① European Commission, Cybersecurity Strategy of the European Union: An Open, Safe and Secure Cyberspace, Brussels: European Commission, 2013, p.9.

② Annegret Bendiek, "European Cyber Security Policy", SWP Research Paper, Berlin: Stiftung Wissenschaft und Politik (SWP), 2012, p.10.

（二）成员国差距导致欧盟整体安全能力不足

尽管严重的网络攻击已经迅速发展为全球最大的安全挑战之一，但欧盟应对网络攻击和网络安全建设方面的发展显然没有跟上网络威胁迅速发展和风险不断扩大的节奏。欧洲的网络安全行业在很大程度上是根据各国政府的需求发展起来的，包括出于国防目的的需求。这主要是由于网络和信息安全政策的主导权掌握在成员国手中，欧盟内部不同成员国在网络安全建设方面存在巨大的差异，加上欧盟机构本身之间的弱协调导致欧盟能够应对网络安全及其相关领域的能力非常有限。

欧洲最初对"网络犯罪"一词的含义并没有一致的理解，成员国优先处理网络威胁的方式也有很大差异，在打击网络犯罪和用户数据隐私保护方面甚至存在分歧，成员国的网络安全能力同样不均衡，并非所有欧盟成员国都具备有效应对网络犯罪所需的安全能力。这些都加剧了跨国犯罪治理的难度，且跨国网络犯罪可以通过欧洲网络安全最薄弱的环节从而影响整个欧洲，导致欧盟整体的网络安全水平较低。由于缺乏对网络安全威胁的共同认识和理解，各成员国最初低估了这一代价高昂的威胁，并缺乏协调一致的战略和框架来应对这一问题，导致欧盟这一阶段并不具备在面对严重的网络攻击时保障其整体安全的有效应对机制。到2013 年，欧盟只有 13 个成员国制定了国家网络安全战略。这表明欧盟成员国在制定和实施国家网络安全战略的能力方面存在显著差距，暴露出协同防御机制的缺失。

网络安全领域原则上属于欧盟成员国的管辖范畴，欧盟的治理长期以来存在较为分散的弊端，且多是在遭受网络攻击后才后发地处理问题。在欧盟机构内部，网络安全能力的建设和发展缺乏协调，许多不同的倡议由不同的机构执行，主要以一种分散的方式处理网络安全问题，有时甚至会以不同的重叠主题推出平行政策。① 相关的机构和行为体在网络犯罪执法、关键基础设施保护和网络防御等领域的工作相互独立，但安全机构职责不清、界限不明，各成员国的网络安全战略行动方案没有共识，无法共同行动，形成合力，造成效率低的现象，欧盟需要从目前的自愿方式向有约束力的方式迈出重要一步。

二、治理进程与目标：建立欧盟治理框架、加强网络安全能力建设

到 21 世纪 00 年代中期，随着欧洲越来越认识到信息系统和技术容易受到外部攻击和威胁，特别是针对欧洲国家的具有国际恐怖主义性质的攻击和有组织的犯罪规模化，网络安全逐渐成为欧盟安全关注的重点问题和优先事项。欧盟开始在整体层面建立网络安全治理框架，通过统一的战略框架缩小成员国在这一领域的水平差距，加强整体网络安全能力建设。

---

① Alexander Klimburg, Heli Tirmaa-Klaar, Cybersecurity and Cyberpower: Concepts, Conditions and Capabilities for Cooperation for Action within the EU, Belgium: European Parliament, 2011, p.41.

（一）建设欧盟网络安全治理框架

欧盟及其成员国最初低估了网络安全威胁的严重性，早期的治理较为分散，没有形成团结一致的战略力量。由于在网络安全领域可获得的资源和协调有效反映所需的机构、信息共享等方面，东欧和南欧的成员国的能力明显低于西欧成员国，欧盟越来越关注不同成员国的基础设施、技术和法律水平在处理网络犯罪和用户保护方面的巨大差异，欧盟认为这种差异显然会破坏欧盟保卫欧洲社会的能力。[①]在意识到网络安全的重要性以及成员国网络安全能力的差异之后，欧盟开始致力于寻求发展其作为地区网络安全参与者的能力，推动多个欧盟网络安全机构的建立，统一成员国的共识，达成一致的战略规划，着手建立一个涵盖包括网络犯罪、网络防御等所有关键政策领域在内的法律、政策和制度框架。

2004年3月，欧盟为提高欧盟范围内网络安全水平，协调欧盟各成员国的行动，加强网络安全合作和信息交流，成立了欧盟网络与信息安全局。该机构的任务和目标是通过知识共享、能力建设和意识提升，与主要利益相关者共同努力，协助欧盟委员会、各成员国和企业界提高预防、处理和响应网络信息安全问题的能力，包括现行和未来的欧盟立法，从而发展网络和信息安全文化，满足欧盟各层级网络和信息安全的要求，促进内部市场的顺利运

---

① Helena Carrapico, Andre Barribha, "The EU as a Coherent (Cyber) Security Actor?", *Journal of Common Market Studies*, Vol 55, No.6, 2017: pp.1259-1260.

作。这是在网络安全领域迈出的重要一步，由此欧盟开始建立其整体的网络安全治理制度框架。为了推动欧洲一体化进程和欧盟机构的有效运作，欧盟 25 个成员国领导人在 2004 年 10 月签署了《欧盟宪法条约》，这是欧盟层面的首部宪法，但最终因没能在所有成员国国内获得批准而未能生效。

2006 年，欧盟出台了《欧洲信息社会安全战略：对话、合作伙伴和授权》，该战略主要从网络和信息安全措施、电子通信监管框架和打击网络犯罪政策三个方向来解决信息社会的安全问题，强调加强多利益攸关方之间的协商与对话，齐心协力应对信息社会日益严峻的安全挑战，构建网络与信息安全文化氛围，提升欧盟在信息技术创新与服务领域的核心竞争力。[①] 这是欧盟第一份综合性的信息安全战略文件，将信息安全提升到欧洲整体社会的高度，通过系统性调整欧盟互联网治理规则和治理范式，实质性地重塑了欧盟网络空间秩序，为构建开放透明、安全可信的欧盟网络安全格局发挥了重要的引领作用。

爱沙尼亚 2007 年遭遇大规模网络攻击之后，欧盟深刻认识到网络安全形势的严峻以及网络安全建设的紧迫性，即网络安全威胁的范围和性质已经发展到与国家安全相关，需要协议一致来更好地保护欧洲的数字社会，成员国在这方面的共识也得到强化。之后，欧盟发布了《建立欧洲共同体空间信息基础设施的指令》，目的是推动欧盟网络空间一体化，实现其中的信息获取、交换和

---

① 吴军超：《欧盟网络安全治理探析》，《郑州大学学报（社会科学版）》2021 年第 1 期，第 25 页。

共享，建立网络安全应急响应和危机管理的平台，达到网络安全
共同防务。《欧洲安全战略实施报告》中将网络安全确定为一个关
键的安全问题，列入欧盟对外行动的优先事项，并将网络攻击视
为"一种潜在的新的经济、政治和军事武器和欧洲安全的新风险"，
是对欧洲利益的主要威胁和挑战之一，建议在这一领域开展更多
工作，探索欧盟的综合方法，提高认识和加强国际合作。[①] 2009
年12月，欧盟的"斯德哥尔摩计划"强调了制定欧洲内部安全战
略和所有欧盟成员国尽快批准《网络犯罪公约》的重要性，并呼
吁欧盟成员国加强应对网络攻击的能力和政府之间以及与私营部
门之间信息交换，推动立法，确保高水平的网络安全，才能在发
生网络攻击时更快地做出反应。[②]

　　2010年，欧盟成立了网络犯罪特别工作组，是欧盟网络犯罪
中心的雏形。欧盟理事会还通过了一项网络犯罪行动计划，呼吁
加快构建欧洲刑警组织的欧洲网络犯罪平台（ECCP）和促进跨境
执法的国际协调。同年，欧盟第一次将网络防御等能力作为关键
的国家发展领域之一列入当年的能力发展计划之中。《欧盟内部安
全战略》提出了保障欧洲安全的五大战略目标，提高公民和企业
在网络空间的安全水平被列为战略目标之一，该战略还提出与网

---

① Council of the European Union, Report on the Implementation of the
European Security Strategy: Providing Security in a Changing World, Brussels:
Council of the European Union, 2008, p.5.

② Council of the European Union. The Stockholm Programme-An open and
secure Europe serving and protecting the citizens, Brussels: Council of the
European Union, 2009, pp.47-48.

络安全相关的欧盟机构和制度建设的几项具体建议，如 2012 年在所有成员国一级以及欧盟都建立计算机应急响应小组（Computer Security Incidents Response Team, CSIRT/CERT）以及这些机构与执法部门的合作，建立举报网络犯罪事件的制度，到 2013 年建立有调查、分析能力和能够与国际伙伴合作的欧盟网络犯罪中心，以及到 2013 年启动面向广泛公众的欧洲信息共享和警报系统（EISAS）。① 同年，为了让欧洲的经济和发展在全球金融危机的冲击之后回到正轨，欧盟提出了"数字欧洲议程"（Digital Agenda for Europe）计划，目标是通过基于高速和超高速互联网和可互操作应用程序的数字单一市场实现可持续的经济和社会效益。该议程中也强调了建设欧洲数字社会的信任与安全的重要性，提出了扩大欧盟计算机应急反应小组网络等行动方向，致力于提高欧洲预防、发现和应对网络和信息安全问题的能力。在此基础上，负责欧盟各机构和实体 IT 系统安全的计算机应急响应小组（CERT-EU）于 2012 年成立。

2013 年，欧洲理事会通过了欧盟的第一份网络安全战略《欧盟网络安全战略：开放、安全和可靠的网络空间》（Cybersecurity Strategy of the European Union: An Open, Safe and Secure Cyberspace），其中明确了建立开放、自由和安全的网络空间的战略目标，以及坚持欧盟核心价值观、保护公民权利、坚持全面开放、多元管理和责任共担五个政策指导原则，确定了实现网络弹性、大规模减

---

① European Commission, The EU Internal Security Strategy in Action: Five steps towards a more secure Europe, Brussels: European Commission, 2010, pp.9-10.

少网络犯罪、制定与共同安全与防御政策（Common Security and Defense Policy, CSDP）框架相关的网络防御政策、发展网络安全产业和技术资源、为欧盟制定连贯的国际网络空间政策并促进欧盟五个战略优先项和具体的行动建议、要求，并在信息系统安全、数据保护、网络犯罪、基础设施保护等方面对欧盟机构、成员国提出了责任要求。[①] 该战略涵盖了欧盟安全综合方法和网络防御的主要方面，涉及了安全、司法和内政以及网络空间的外交政策角度等主要欧盟政策领域，代表了欧盟关于如何更好地预防和应对网络中断及网络攻击的全面愿景。

（二）开始使用强制性治理工具

欧盟网络安全治理的方式也开始发生变化，从无法律约束力的协调和倡议转向针对网络犯罪和网络攻击的具有约束力的法律工具，包括推出《关于打击信息系统犯罪的框架决议》《欧洲数据保留指令》《关键信息基础设施保护指令》《欧盟数据保护框架条例》等硬性法规，推动欧盟和成员国层面的立法进程。

2005 年 2 月 24 日，欧盟理事会出台关于网络空间安全攻击第一个具有约束力的欧盟法案——《关于信息系统攻击的框架决定》，商定了犯罪活动的定义，即"非法进入信息系统""非法干扰系统"和"非法干扰数据"，规定成员国有义务对这些犯罪活动予以惩处，

---

① European Commission, Cybersecurity Strategy of the European Union: An Open, Safe and Secure Cyberspace, Brussels: European Commission, 2013, pp.3-18.

并要求所有成员国在 2007 年之前制定立法来应对主要类型的网络攻击。[①] 在伦敦和马德里恐怖袭击之后，欧盟理事会于 2007 年通过了《欧洲数据保留指令》(EUDRD)[②]，指令要求所有成员国立法，确保电信公司和互联网服务提供商保存用户流量连接记录，最长为两年。同年，欧盟委员会发布了《关于打击网络犯罪的总体政策》，旨在改善成员国之间的业务执法合作、政治合作和协调。它还致力于促进与第三国的政治和法律合作，以及提高认识、培训、研究和加强与工业界的对话，以便采取可能的立法行动。2009 年 4 月，欧盟关于关键信息基础设施保护的文件中明确要求每个成员国必须建立作为国家准备、信息共享、协调和响应能力关键的国家级计算机应急小组，建立泛欧合作的能力和基准。

2013 年，欧盟《网络安全战略》中要求成员国提高信息安全意识，指定国家网络与信息安全（NIS）主管部门，建立一个运作良好的计算机应急响应小组，制定国家网络与信息安全战略和系统合作规划，并将严格有效的法律规范确定为实现减少网络攻击的重要措施之一。欧盟委员会还发起了一些软倡议，在网络犯罪合作和司法互助方面取得进展，为新成立的欧洲网络犯罪中心设定战略目标，以及完成《网络犯罪公约》在欧洲范围内的采用。《关于对信息系统攻击的框架决定》规定了关于刑事犯罪的定义和

---

① Council of the European Union, Council Framework Decision 2005/222/JHA of 24 February 2005 on attacks against information systems, Brussels: Council of the European Union, 2005, pp.68-71.

② 该指令因数据保护方面的批评实施进展缓慢，直到2011年初也并非所有欧盟成员国都实施了该战略。

有关制裁的最低限度规则，通过要求成员国加强国家网络犯罪方面的立法和引入更严厉的刑事制裁来解决大规模网络攻击。[①] 该指令的目标是在刑法层面统一欧盟成员国对信息系统攻击行为的惩治力度，使所有对欧盟的信息系统的攻击受到有效、相称和劝阻性的刑事处罚，从而提高欧盟整体预防和打击网络犯罪的水平。

三、治理特征：治理体系化、被动应对转向主动防御

网络和数字技术已成为欧盟经济增长的支柱，是所有经济部门依赖的关键资源。这一阶段欧盟面临的网络安全风险呈现复合型、规模化和技术升级等趋势，欧盟这一时期的治理实践不仅奠定了欧盟网络安全政策框架的基础，更深刻反映了欧洲一体化进程在数字时代的延伸与突破。欧盟《网络安全战略》和欧洲安全议程为欧盟在网络安全和网络犯罪方面的举措提供了总体战略框架，通过战略规划和职能机构设置，欧盟网络安全治理经历了从分散化到体系化的重要转型，是欧盟网络安全治理体系初步构建的关键时期，防御政策的形成也体现出欧盟在网络威胁应对上明显的主动性转向。

欧盟于 2004 年成立了网络与信息安全局，该机构最初定位为专业知识和技术咨询实体，其职责包括促进成员国间网络安全信息共享、协调跨境事件响应。随着网络威胁复杂性的提升，欧盟

---

①　The European Parliament and of the Council, Directive 2013/40/EU of the European Parliament and of the Council of 12 August 2013 on attacks against information systems and replacing Council Framework Decision 2005/222/JHA, Brussels: European Union, 2013, pp.12-14.

开始构建统一战略框架。欧盟 2013 年 2 月发布第一份《网络安全战略》要求成员国在关键基础设施保护、网络犯罪打击等领域实施统一技术规范，授权 ENISA 制定全欧盟适用的网络安全认证框架，并把网络安全纳入共同外交与安全政策之中，强化了超国家层面的治理。欧盟层面还成立了网络犯罪中心（EC3）和计算机应急响应小组（CERT-EU）等机构。这种欧盟机构的设立和顶层设计的强化，使其网络安全治理从零散的行业监管转向系统性战略引领，标志着欧盟网络安全治理从成员国各自为政向超国家协调治理的重大跨越。

不同于以往网络事件发生后的被动应对，欧盟这一阶段开启了网络防御体系的建设。欧盟关于关键信息基础设施保护的倡议侧重于预防、准备和意识，强制要求各国建立国家级计算机应急响应小组，并构建覆盖全欧的小组协作网络，这种制度重构使得欧盟网络防御响应时间大大缩短。"网络欧洲"联合演习实现了所有成员国的实时协同响应，标志着欧盟网络防御行动机制进入实际阶段。2013 年欧盟《网络安全战略》首次将"网络防御"纳入共同安全政策范畴，进一步强化了网络防御的重要性，将网络防御列为主要战略优先项之一。欧洲防务局也开展了一些与网络防御有关的技术方面的研究项目。在此期间，欧盟还推动了《网络犯罪公约》修订，将网络攻击预备行为纳入刑事犯罪范畴，体现了从末端惩治向源头预防的策略转变。

第三节　网络安全治理的整合与强化期
（2014—2019年）

欧盟制定了首个网络安全战略之后启动了一系列关键工作流程，主要目的是提高网络弹性，建立一个可靠、安全和开放的欧盟网络生态系统。这一主要目标和原则仍然有效，但不断演变和深化的威胁形势致使欧盟需要采取更多行动来抵御和防止未来的威胁。欧盟成员国和欧盟机构都成为网络犯罪、网络攻击和间谍活动的主要目标，缺乏网络安全应对措施是大多数网络攻击成功的原因。斯诺登事件曝光了美国的大规模监听计划，也引发了欧盟及其成员国对自身网络安全能力的反思。虽然国家安全仍由成员国负责，但网络威胁的规模和跨境性质为建立欧盟层面的安全治理能力提供了强有力的理由。

欧盟公民、组织和企业对网络和信息系统的使用已经无处不在，网络和信息系统推动经济增长，是实现欧洲数字单一市场的基石，同时支持欧盟运转的各个方面。网络安全已经不仅仅是一个市场或经济问题，而是延伸到了共同外交与安全政策的领域，是欧盟缺乏必要能力且亟待发展的极少数重要领域之一，网络安全由此在欧盟被视为一个独立的政策领域。欧盟政策法规致力于减少技术依赖，加强立法监管，发展更强的能力来检测、预防网络安全威胁和从复杂的网络威胁中恢复。欧盟在网络安全治理领域开始发挥更具引领性的作用，完善网络安全治理的法律法规，向更全面和综合的网络安全政策迈进，提高共同安全标准，构建更高水平的、完整的治理体系。

一、网络安全问题：网络监控和窃密、监管的复杂性

（一）网络监控和窃密

2013 年 6 月，斯诺登事件发生后，引起了关于隐私和安全的广泛辩论，该项目被揭露后欧盟才认识到 2008 年美国《外国情报监视法》为其创造了大规模监视的权力，逃避了欧盟数据保护法规，对欧盟和全球用户的通信数据进行了监控和窃取。这些事件也使欧盟对大型科技平台公司是否能够保护用户数据产生了严重怀疑，以及认识到自身对这些企业监管和控制的不足。

传统的网络风险呈指数级增长，网络威胁的形势也不断演变和深化。网络安全事件多样化，部分国家行为体出于政治或战略目的，开始越来越多地通过网络及其工具来实现其地缘政治目标，针对关键基础设施的攻击活动、假新闻和网络行动愈加普遍，网络空间甚至成为战争的一个领域。网络空间及其安全的影响越来越大，网络威胁的规模和跨境性质决定了需要欧盟采取更多行动来抵御和阻止未来的袭击。

（二）网络安全监管的复杂性

欧盟在安全领域分散的监管政策以及复杂的网络安全立法，影响了网络安全相关治理和产业的发展和效率。对欧盟关键基础

设施及个人和商业网络信息数据的攻击持续不断增加，在网络安全政策领域实现立法、制度和政策的一致性被认为是有效应对当前欧盟面临的网络挑战的关键。[①]

《里斯本条约》通过结束一些分歧的决策程序整合了许多欧盟政策领域，但安全领域的政策仍然呈现出分裂特征。欧盟在网络安全领域的大部分政策和行动都涉及欧盟内部政策（如内部市场和消费者保护）或与刑法（打击网络犯罪）有关，并与经济增长和内部市场的目标联系在一起。[②] 导致欧盟的网络安全方法同样也存在分散的问题，缺乏明确界定的责任领域，其监管处于一个复杂的多主体、多层次的环境，相关机构分布在公共和私营部门、国家和国际层面，需要网络安全部门、执法部门和防务部门的有效协调，但其中仍存在大量部分重叠的软性和硬性措施。[③] 同时，在网络安全领域，每个欧盟国家都有自己的优先事项和问题，寻找适合所有情况的政策处方仍然存在困难。

在欧盟关于网络安全的立法状况也是高度复杂的，欧盟的立法要求需要成员国转化为国内立法才能够实现。网络安全法规分

---

① Helena Carrapico, Andre Barrinha, "The EU as coherent (cyber) security actor?", *Journal of Common Market Studies*, Vol 55, No.6, 2017: pp.1254-1255.

② Jed Odermatt, The European Union as a Cybersecurity Actor. In: Steven Blockmans, Panos Koutrakos, (eds.). *Research Handbook on EU Common Foreign and Security Policy*, Cheltenham, UK: Edward Elgar Publishing, 2018, pp.362-365.

③ Christian Calliess, Ansgar Baumgarten, "Cybersecurity in the EU the example of the financial sector a legal perspective", *German Law Journal*, Vol 21, 2020: p.1173.

散在各个子部门、不同领域和成员国之间，呈现碎片化的局面，很容易导致混乱并阻碍网络安全政策和措施的进一步协调。如欧盟没有一个主要的网络安全立法专门针对金融服务部门，其安全治理主要是根据不同的欧洲和国家法规以及特定行业的标准进行，包括金融部门的监管标准、关键的基础设施法规和欧洲数据保护的立法等。以一家在不同欧洲国家开展业务的金融机构为例，其保持网络安全监管的完全合格是一项非常困难的任务。欧盟网络安全法律体系正在缓慢发展，不过仍然需要一个全面的监管方法。尽管欧盟通常能够找到与现有权限的联系，使其能够在许多不同领域制定新的立法，但将不同的网络安全维度结合在一致的政策中并不容易，有时甚至是不可能的。

欧盟各国私营部门的期望和标准也各不相同。例如，一家网络安全公司必须向 28 个欧盟国家申请政府合同，每个国家在不同的监管制度下都有自己的优先事项和目标，这种情况增加了交易成本，并使服务提供复杂化，对于依赖政府合同的欧洲网络安全公司来说，这种情形就变得难以协调。正是欧盟复杂的权力划分及其在不同政策领域的不同程序和规则，阻碍了网络安全法律体系的全面实现，也影响了欧盟网络安全产业的高效和发展。有必要协调欧盟在网络安全领域分散的监管环境，并避免因不同立法而产生重叠要求。

（三）新技术与新问题

第五代移动通信（5G）技术、物联网、大数据和人工智能等新兴技术的深度融合，正在重塑欧盟和全球数字基础设施的格局，同时也对网络安全体系提出了前所未有的复杂挑战。5G 通信技术是新时代最重要的创新之一，被认为是社会和经济发展的关键技术，是未来数字社会的核心。5G 网络的高速率、低延时和大连接特性，使其能够成为支撑智慧城市、工业物联网和自动驾驶等关键新兴发展领域的核心基础设施，加强在数字经济中的竞争力，并为用户提供更好的移动服务。但移动通信系统容易出现安全漏洞，5G 移动网络的发展和普及，打破了传统电信网络的封闭性，其安全威胁载体将会扩大，使得单点漏洞可能通过供应链传导至整个网络，网络攻击范围能够呈指数级扩展。①

　　物联网革命已经在全球发生，从个人移动通信设备到工厂、医疗和电力基础设施，互联网设备的爆炸式增长进一步加剧了安全风险。许多设备安全性较差，其数据传输也普遍存在未加密等安全漏洞，物联网设备成为网络勒索和攻击的新入口，越来越多的设备连接到网络，大大增加了遭受网络攻击的可能性。针对关键基础设施和物联网的破坏性网络行动、大规模僵尸网络攻击以及"Wanna Cry"和"NotPetya"等全球勒索软件案件，提高了人们对网络风险的关注度。一些人工智能算法和方法已经在互联网上被"恶意"使用，进一步扩大网络威胁的操作范围和黑客可以瞄准的攻击面。大数据技术的深度应用更是使得数据安全边界日益模糊，实时流量分析、用户行为画像等导致数据跨境流动量激增，非法获取数据成为商业牟利的手段。

---

　　① NIS Cooperation Group, EU coordinated risk assessment of the cybersecurity of 5G networks Report, Brussels: European Commission, 2019, p.11.

数字化和联通性正在成为越来越多的产品和服务的核心特征，随着物联网（IoT）的出现，未来欧盟部署的连接数字设备会越来越多。虽然越来越多的设备连接到互联网，但在设计中没有充分内置安全性和弹性，导致网络安全水平不足，从而破坏了公众对数字解决方案的信任。公众对网络安全的关注日益增加，欧盟需要通过加强网络安全保护，增强公众对数字服务的信任。企业对网络安全的需求日益迫切，尤其是在全球供应链和数字化转型的背景下，企业需要可靠的网络安全保障，以保护其业务和数据安全。

二、治理进程与目标：完善法律体系、提升整体网络安全水平

数字化和联通性的提高增加了网络安全风险，从而使整个社会更容易受到网络威胁。欧盟的主要政策文件和众多声明中都多次强调，网络和依赖网络支持的关键基础设施在很大程度上构成了欧盟经济和政治进程的基础，网络安全已经成为欧盟最重要的政策优先领域之一。为了提高共同安全水平，欧盟改进了网络安全措施，完善了法律治理框架，强化了如欧盟网络信息安全局等网络安全机构的职能，增加了资源投入以发展欧盟机构和整个联盟的网络安全能力和弹性，加强了对网络威胁进行防御的努力。

（一）完善法律体系

网络威胁对欧盟政治和经济的重大影响进一步加紧了制定欧盟层面的统一网络安全相关法规的必要性。为了提高共同网络安

全的水平，欧盟逐步出台了数据治理和网络信息系统安全监管等方面的法规，完善了网络安全治理的法律框架，通过硬性要求统一欧盟成员国的网络安全措施。

数字时代数据的重要性不断上升。欧盟 1995 年的《数据保护指令》建立了最低限度的数据隐私和安全标准，每个成员国都在此基础上制定了自己的实施法律，但棱镜门事件使欧盟意识到数据跨境流动的风险及该指令在个人隐私权和数据保护方面的不足。欧盟国家认识到需要一种全面和标准化的数据保护方法，推动欧盟数据本地化存储。2016 年 4 月，欧盟发布了《通用数据保护条例》(General Data Protection Regulation, GDPR)，对法规适用的范围和地域，个人数据等相关法律用语的定义，收集和处理个人数据的合法、公平和透明等原则，处理数据的合法性要求，数据主体的权利，数据控制者和处理者的义务等多个方面进行了明确且细致的规定，对成员国设立独立监管机构、合作与一致性也做出了详细要求。

欧盟试图通过 GDPR 在技术竞争中开辟独立治理路径。GDPR成为欧盟数据保护领域的核心法规，对个人数据安全提出了系统性要求。在个人层面，GDPR 对于数据治理和个人隐私保护的规定更为明确和严格，通过明确"数据主体权利清单"(如知情权、访问权、被遗忘权等)，强调赋予个人对其个人数据的更大控制权，将对公民隐私和数据安全保护提升到了一个新高度。在组织层面，则强制要求体现数据处理活动的透明度、可追溯性及问责机制，推动形成数据隐私和保护的新型治理范式。企业不仅需要重构数据收集、存储、处理的全流程合规体系，更需建立涵盖数据分类、风险评估、应急响应的立体化治理架构。GDPR 通过设置最高达全球营收 4% 的阶梯式罚款机制，倒逼私营部门将数据合规成本内化为核心运营要素，这一监管强度在跨境数据流动领域尤为显著，条例既保障欧盟境内数据的自由流通，又通过"充分性认定"等机制对第三国数据传输施加严格限制，凸显欧盟在数字主权领域的规制收紧趋势。

尽管 GDPR 未直接规定网络安全技术要求，但其对数据完整性与机密性的高标准要求，影响着企业收集、处理和管理个人数据的方式，促使组织建立健全的数据治理结构，客观上推动了欧盟成员国网络安全体系的迭代升级。企业为满足数据泄露 72 小时通报、加密存储等合规义务，不得不强化网络安全防护措施，这种以数据保护驱动网络安全的路径创新，使 GDPR 成为欧盟数字安全生态建设的重要推手。GDPR 对欧洲组织战略和数字实践的影响是变革性的，树立了数据治理的新标准，有助于欧盟在数字时代规则制定领域抢占话语权优势。

除了数据，网络和信息系统的安全也已然成为欧盟经济发展和社会活动的核心。鉴于安全事件的规模、频率和影响都在增加，对网络和信息系统构成了重大威胁，且欧盟成员国的网络安全水平差异很大。在这种碎片化的背景下，2016 年 7 月，欧盟颁布了《网络和信息系统安全指令》（简称"NIS 指令"）。该指令规定成员国需要指定一个国家网络和信息系统安全主管机构和成员国国家计算机安全事件响应小组之间建立信息交换网络（CSIRT Network），以促进迅速有效的业务合作；在对经济和社会至关重要且严重依赖信息通信技术的各个部门（如能源、交通、水、银行、电信和通信技术）建立安全文化，金融市场基础设施、医疗保健和数字基础设施这些部门中被成员国确定为基本服务（OES）运营商的企业必须采取适当的安全措施，并向有关国家当局通报严重事件，包括搜索引擎、云计算和在线市场在内的主要数字服务提供商也必须遵守指令下的安全和通报要求。[①] NIS 指令通过关注国家安全能力、跨境合作和国家对关键部门的监督从而在企业、成员国和欧盟层面加强网络安全应对和弹性，促进成员国之间更好的合作，进一步简化成员国之间缓解网络威胁的流程，从而实现欧盟内部网络和信息系统的高共同安全水平的措施，以改善内部市场的运作。

　　在 GDPR 和 NIS 指令之后，为了实现更全面的网络安全，欧盟又于 2019 年 4 月 17 日出台了《网络安全法》（Cybersecurity Act）。《网络安全法》包含了两个主要部分，一是规定了与欧盟网络与信息安全局相关的目标、任务和组织事项，二是关于建立欧洲网络安全认证计划的框架。法案将 ENISA 的职权范围扩大到包括制定和执行联盟的政策和法律，帮助欧盟和成员国网络安全能力建设，促进网络安全相关内部和国际合作，支持和促进网络安全认证计划在欧盟的政策制定和实施，并对每个成员国的实施情况进行审查，加强网络安全认识、教育网络服务和消费设备的网络安全，主导网络安全领域的研究和创新等多个范畴。建立欧盟

---

①　The European Parliament and of the Council, Directive (EU) 2016/1148 of the European Parliament and of the Council of 6 July 2016 Concerning Measures for a High Common Level of Security of Network and Information Systems across the Union, Brussels: European Union, 2016, pp.16-21.

网络安全认证框架则是为了确保欧盟 ICT 产品、服务和流程的网络安全水平达到适当的水平，并避免欧盟内部市场在网络安全认证计划方面出现分裂。网络安全认证框架将网络安全纳入欧盟贸易和投资政策。外部行为体对关键技术（包括网络安全）的影响成为欧盟审查外来直接投资框架中的一个关键方面，即基于安全对第三国的投资进行审查，通过网络安全要求对欧盟商品和服务设置贸易和投资壁垒。网络安全认证框架将加强欧洲的国际竞争力和影响力，这种新方法显然是向更集中的欧盟决策和治理的范式转变。

（二）加强弹性、威慑和防御

2014 年欧盟《网络防御政策框架》明确将网络空间列为军事活动的第五领域，与陆地、海洋、空中和太空领域一样，对欧盟共同安全和防务政策（CSDP）的实施至关重要，CSDP 的成功实施越来越依赖于安全网络空间的可用性和访问权限，需要强大和弹性的网络防御能力来支持其任务和操作。[①] 该框架强调在发展与 CSDP 相关的网络防御能力和加强对欧盟实体使用的 CSDP 通信网络的保护的基础上，促进私营部门、成员国、欧盟机构以及有关国际伙伴之间的协同合作，包括监测、共享信息、态势感知、动态恢复、建立专业知识和协调反应，其目的是发展欧盟的共同网络防御能力。2015 年，欧盟在网络外交方面达成了进一步发展和

---

① Council of the European Union. EU Cyber Defence Policy Framework, Brussels: Council of the European Union, 2014, p.2.

实施在全球层面的网络外交的共同和全面的方法的共识，这有助于预防冲突、减轻网络安全威胁和促进国际关系稳定。[①]

随着恐怖分子对互联网和社交媒体的使用大幅增加，由于这是一个跨越多种语言受众和司法管辖区的问题，为了共同应对这一挑战，2015年欧洲刑警组织在其欧洲反恐中心（European Counter Terrorism Centre, ECTC）的基础上建立了欧盟互联网转介组（EU Internet Referral Unit, EU-IRU），这是欧盟框架内的网络恐怖主义治理机构，由具有多种知识和技能的专家组成，包括宗教恐怖主义方面的专家、翻译人员、信息和通信技术开发人员以及反恐方面的执法专家。其主要任务是监控公开的恐怖主义和暴力极端主义内容在网上的传播，并与相关伙伴分享，通过提供战略和业务分析，支持欧盟主管当局与业界紧密合作，迅速执行并支持转介流程。欧盟自此形成了通过标定恐怖主义宣传的核心传播者，降低恐怖主义内容在网上的易获性，并建立了协助起诉与定罪工作的网络恐怖主义治理流程。

在全球经济加速数字化的背景下，欧盟委员会通过了一项数字单一市场战略。战略中强调为了实现欧洲单一数字市场，公民需要信任和信心来参与新的连接技术和使用电子商务设施，需要为平台和中介机构提供合适的监管环境，打击互联网非法内容，加强数码服务及个人资料处理方面的信任及安保。该战略还强调"欧洲网络安全战略的关键优先事项之一是开发网络安全的工业和

[①] Council of the European Union, Council Conclusions on Cyber Diplomacy, Brussels: Council of the European Union, 2015, p.4.

技术资源"①，并规划了在 2016 年上半年启动在网络安全技术和解决方案领域建立一个关于网络安全的公私伙伴关系，旨在刺激欧洲网络安全产业的创新和竞争力。

2016 年欧盟发布的外交与安全政策全球战略强调加强对网络安全的关注，确立目标在于减轻威胁，保护关键基础设施、网络及其服务弹性的技术能力，培育创新的信息和通信技术系统，通过适当的数据存储位置政策、数字产品和服务认证确保欧洲数字空间的安全。② 网络安全被列为欧盟全球战略的战略重点之一，网络问题也被计划贯穿到所有政策领域之中。欧盟全球战略还提到了进一步整合内部和外部安全的必要性。鉴于网络攻击可能会被混合威胁的肇事者用于破坏整个欧盟的数字服务，《应对混合威胁联合框架》中也强调提高欧洲通信和信息系统的弹性。

"Wanna Cry"勒索病毒暴发之后，2017 年 6 月，欧盟在威慑工作流程下通过了关于《欧盟联合外交应对恶意网络活动框架——网络外交工具箱》。该框架规定了使用共同外交与安全政策（CFSP）下的措施应对恶意网络活动的一致方法，包括可用于加强欧盟对损害其政治、安全和经济利益的活动的回应的限制性措施。欧盟对恶意网络活动的外交回应与每次网络活动的范围、规模、持续时间、强度、复杂性和影响成比例，由此对潜在攻击者形成威慑，

---

① European Commission. A Digital Single Market Strategy for Europe, Brussels: European Commission, 2015, p.13.

② European External Action Service, Shared Vision, Common Action: A Stronger Europe-A Global Strategy for the European Union's Foreign and Security Policy, Brussels: European External Action Service, 2016, pp.21-22.

影响他们的行为。①欧盟对外行动署（EEAS）负责协调和准备关于工具箱实施的定期演习。下半年，欧盟又发布了《大规模跨国网络安全事件协调应对计划》（Blueprint for Coordinated Response to Large-scale Cross-border Cybersecurity Incidents and Crises），规划了从成员国到欧盟整体的应急响应体系，为欧盟整体的态势感知做出了贡献。

为了更有弹性地应对网络攻击，建立有效网络威慑，更好地保护欧洲公民、企业和公共机构，在数字单一市场、欧洲安全议程、应对混合威胁联合框架和启动欧洲防务基金通信的基础上，欧盟于2017年9月发布了关于"弹性，威慑和防御：为欧盟建立强大的网络安全"的联合通信，该通信中包括了一系列广泛的网络安全措施。一是通过加强 ENISA 授权和作用，发展单一网络安全市场，全面实施《网络和信息系统安全指令》，通过快速应急反应建立复原力，建立以欧洲网络安全研究和能力中心为核心的网络安全能力中心网络（Cybersecurity Competence Centre and Network of National Coordination Centres, CCCN），建立强大的欧盟网络技术基础，以及提倡网络卫生和网络意识等措施加强欧盟抵御网络攻击的能力。总的来说，欧盟并未寻求发展任何形式的硬实力或

---

① Council of the European Union. Council Conclusions on a Framework for a Joint EU Diplomatic Response to Malicious Cyber Activities ("Cyber Diplomacy Toolbox"), Brussels: Council of the European Union, 2017, pp.3-4.

进攻性网络力量，欧盟的网络防御方法以保护为指导。[①] 二是通过识别恶意行为者，加强执法应对和打击网络犯罪的公私合作，加强对恶意网络活动的政治应对，以及联合成员国防御能力共同建设有效的欧盟网络安全威慑。三是通过对外关系中的网络安全对话，支持第三国网络安全能力建设，以及欧盟—北约合作多方位加强网络安全国际合作。[②] 这份联合通信列出了欧盟面临的网络安全挑战的规模，进一步分析了前进的道路以及欧盟可以采取的一系列措施，强调了欧盟的网络安全准备对数字单一市场以及欧洲安全和防务联盟都至关重要，形成了复原力、威慑力和防御力三大支柱，并强化了欧盟在国际网络安全治理上的角色。[③] 2018 年 1 月欧盟发布的《数字教育行动计划》强调必须更加重视有效应对数字化转型给网络安全和网络卫生带来的挑战，呼吁欧盟成员国承诺将网络安全纳入学术和职业培训课程，响应了 2017 年 9 月联合通信建立强大的欧盟网络技能基础以及提倡网络卫生和网络意识的措施。

---

① Jed Odermatt, The European Union as a Cybersecurity Actor. In: Steven Blockmans, Panos Koutrakos, (eds.). *Research Handbook on EU Common Foreign and Security Policy*, Cheltenham, UK: Edward Elgar Publishing, 2018, p. 364.

② Gloria González Fuster, Lina Jasmontaite, Cybersecurity Regulation in the European Union: The Digital, the Critical and Fundamental Rights. In: Markus Christen, Bert Gordijn, Michele Loi, (eds.). *The Ethics of Cybersecurity*, Switzerland: Springer, 2020, p.100.

③ 郑春荣，倪晓姗：《欧盟网络安全战略及中欧合作》，《同济大学学报（社会科学版）》2020 年第 4 期，第 42 页。

（三）加大对关键技术的关注和投入

欧盟在网络安全领域的财政支持主要集中在研究和创新、基础设施及第三国的能力建设三个方面。欧盟外交和安全政策的全球战略中强调："欧盟将成为一个前瞻性的网络参与者，在数字世界中保护关键资产和价值。"[①] 网络安全的技术工具是战略资产，也是未来的关键增长技术，确保欧盟保留和发展必要的能力，保护关键的硬件和软件，并提供关键的网络安全服务，符合欧盟的战略利益。随着第四次工业革命数字技术的发展，欧盟加大了对关键数字技术包括网络安全技术和产业的投入和关注。

欧盟已经实施了几项措施来缩小与美国和中国在数字领域的投资差距。2014 年，欧盟启动了"地平线 2020"（Horizon Europe）计划，该计划是欧盟 2014—2020 年的研究和创新资助计划，预算近 800 亿欧元，网络安全和隐私是"地平线 2020"计划的一部分，旨在确保欧洲的全球竞争力。该计划包括了支持与新兴 ICT 技术相关的安全研究，为纳米电子、光子学、机器人、5G、高性能计算、大数据、云计算和人工智能等关键数字技术的研究提供资金，提供端到端安全资讯及通信科技系统、服务及应用的解决方案，包括开发打击针对网络环境的犯罪和恐怖活动的工具和手段，为

[①]　European External Action Service, Shared Vision, Common Action: A Stronger Europe-A Global Strategy for the European Union's Foreign and Security Policy, Brussels: European External Action Service, 2016, p.42.

执行和采用现有解决办法提供奖励，并解决网络和信息系统之间的互操作性问题。5G-PPP，新的人工智能和区块链投资基金，以及旨在促进欧洲竞争性量子产业发展的大规模研究计划，也都支持人工智能和区块链领域的企业。[①]

2016 年，欧盟计划启动重大举措，将欧盟的支出集中在研发上促进网络安全产业政策和标准化，其中包括一项公私合作伙伴关系计划，该伙伴关系于 2016 年 7 月由欧盟委员会和欧洲网络安全组织（ECSO）签署，是欧盟委员会数字单一市场战略中提出的 16 项举措之一。欧盟还根据 2017—2020 年期间网络安全公私伙伴关系合同，在"地平线 2020"项目中投资 4.5 亿欧元用于网络安全研究和创新。其目标是通过创新，在成员国和行业参与者之间建立信任，并帮助协调网络安全产品和解决方案的供需，旨在通过加强与成员国和区域的协调，收集工业和公共资源，以提供卓越的研究和创新，并最大限度地利用现有资金，从而激发欧洲的竞争力，帮助克服网络安全市场的碎片化。

网络安全是连接欧洲设施（CEF）中数字服务基础设施（DSIs）支持的领域之一。欧洲结构与投资（ESI）基金可以为安全和数据保护投资提供资金，以增强数字基础设施、电子识别、隐私和信任服务的互操作性和互联性。获得资助的项目部署了基于电子身份识别和可互操作的保健服务等解决方案的跨欧洲数字服务，目标是实现网络安全方面的跨境合作，加强跨境电子通信的安全性

[①] Tambiama Madiega, "Digital sovereignty for Europe", European Parliamentary Research Service Ideas Paper, 2020, p.2.

和信任，从而为创建数字单一市场做出贡献。

5G 技术和服务是欧洲能够在全球市场竞争的关键资产，预计到 2025 年，全球 5G 收入将达到 2250 亿欧元。[①] 欧盟 NIS 合作小组认为 5G 网络将在实现欧盟经济和社会的数字化转型中发挥核心作用，欧盟成员国也认为 5G 网络的安全对国家安全、经济安全和其他国家利益以及全球稳定至关重要。同时，5G 技术也被认为是一种极易受到攻击的技术，欧盟认为 5G 技术的对外依赖可能会使其受到外部威胁，网络安全对于保护欧盟的经济和社会以及充分发挥 5G 带来的机遇至关重要，对于确保欧盟的技术主权也是至关重要的。因此，欧盟十分重视 5G 网络的安全。于欧盟和欧洲国家而言，5G 已成为其战略自主发展的关键问题。欧盟在 2016 年制定了一项确保欧洲在 5G 领域的领导地位的战略，并支持为 5G 技术创建欧洲本土市场。欧盟认识到 5G 基础设施的网络安全具有战略重要性，因为许多关键服务依赖其功能，并且鉴于来自非欧盟国家或国家支持的行动者的网络攻击不断增加，欧盟委员会明确表达了对 5G 推出带来的风险增加和漏洞的担忧，包括供应链攻击的可能性。[②] 继欧洲理事会于 2019 年 3 月 22 日对 5G 网络安全的协调一致方法表示支持之后，欧盟委员会于 2019 年 3 月 26 日通过了其关于 5G 网络安全的建议，该建议呼吁成员国完成国家风险评估并审查国家措施，在欧盟一级共同努力进行协调一致的风

---

① NIS Cooperation Group, EU coordinated risk assessment of the cybersecurity of 5G networks Report, Brussels: European Commission, 2019, p.3.

② European Commission, Secure 5G deployment in the EU: Implementing the EU toolbox, Brussels: European Commission, 2020, p.4.

险评估，并准备一个可能的缓解措施的工具箱计划。

三、治理特征：注重提高共同安全水平、欧盟机构改革赋权

随着欧盟的社会运转和经济发展都越来越依赖于安全的数字系统，网络安全事件威胁到其迈向数字单一市场的动力，欧盟未来的安全和发展取决于其保护欧洲机构和成员国免受网络威胁的能力。欧盟通过出台统一的、具有强制性的数据和网络安全法案，改革网络安全机构，大大提升了欧盟机构的政策制定和监管权力。

（一）注重提高共同安全水平

与互联网发展初期不同，随着互联网衍生问题的增多，各国的互联网监管力度加大，加强网络监管成为一种全球普遍做法和发展趋势。许多国家加强了国内立法和机构建设，通过出台专门法律法规或扩大原有法律适用范围的方式把互联网纳入国家治理进程。[①] 网络安全带来的经济、政治和战略威胁逐渐受到欧盟的同等重视，网络安全开始被视为一个关键问题，并且是欧洲国家共同的社会挑战。新提出的网络安全政策措施超越了先前的网络和信息安全、网络犯罪、网络防御和对外关系等领域，在产品责任、消费者保护、劳动力市场、金融服务、教育、贸易和投资等领域也提出了措施，这标志着欧盟网络安全政策从被动到主动的转变。

---

① 刘建伟：《国家"归来"：自治失灵、安全化与互联网治理》，《世界经济与政治》2015 年第 7 期，第 112 页。

　　欧盟作为一个行动者，在这一阶段也致力于在网络安全治理方面发挥更关键的作用，提升网络安全的复原力、防御力和威慑力，注重提高共同安全水平。欧盟成为网络安全不同领域的推动者和平台，为成员国内部和整个欧盟层面有效的网络安全治理创造必要的条件，其中的关键是与成员国合作，以构建最低标准和技能。在法律、技术、经济、战略和政策实施等方面，欧盟还成为成员国之间交流良好实践的有效区域节点。[1]欧盟通过出台《网络和信息系统安全指令》《通用数据保护条例》和《网络安全法》全面加强网络安全监管，还通过"网络外交工具箱"等政策工具对网络攻击形成威慑力，强调使用法律、技术、政治、外交甚至制裁手段应对网络攻击。[2]网络安全的无国界和跨国性质，以及欧盟的对外接触和影响使得欧盟不仅在欧洲，而且在全球范围内的网络安全治理方面都能够发挥作用。NIS指令强制要求成员国遵循指令规定的安全和信息共享要求，由此提高欧盟成员国的共同安全水平。《通用数据保护条例》是一项欧洲法规，而不是指令，不需要每个成员国将其转化为国家法律，它在每个成员国都具有法律约束力，同时其域外适用性使得欧盟的法规在全球产生影响。

（二）机构赋权改革

　　欧盟在这一阶段对欧洲网络与信息安全局进行了改革，加强

---

　　① George Christou, *Cybersecurity in the European Union: Resilience and Adaptability in Governance*, England: Macmillan, 2016, p.6.

　　② 郑春荣、倪晓姗：《欧盟网络安全战略及中欧合作》，《同济大学学报（社会科学版）》2020年第4期，第53页。

了该机构在网络安全治理领域的职权。

ENISA 成立时的任务是就网络和信息安全相关问题向欧盟委员会和成员国提供协助和建议，利用该机构的高水平专业知识促进公私行为者之间的广泛合作，并协助欧盟委员会在网络和信息安全领域进行和发展立法的技术准备工作。当时的定位倾向于一个提供指导和咨询建议的专业知识中心，并没有被授予任何正式或非正式的权力来通过法规或能力进行管理或决策。

根据 NIS 指令，ENISA 被指定为欧盟向成员国提供支持并确保成员国遵守该指令的唯一责任机构，使欧盟网络安全机构 ENISA 在确保欧洲大陆的网络安全方面能够发挥比之前更重要的作用。ENISA 必须向成员国机构提供有关的专门知识，并必须帮助制定供合作小组（负责这项支助任务的欧盟次级单位）使用的所有公私合作准则。此外，该指令将 ENISA 置于强制性咨询角色，欧盟委员会在采取正式行动之前必须得到该机构的建议。这些授权将 ENISA 定位为欧盟协调网络劳动力发展和所需资源分配的所有决策的核心。

2017 年欧盟改革了 ENISA，对其进行了永久性授权，确保 ENISA 能够在关键领域为成员国、欧盟机构和企业提供支持，并使其参与到政策制定和执行方面，包括实施网络和信息系统安全指令（NIS 指令）和拟议的网络安全认证框架，促进部门倡议与 NIS 指令之间的一致性，并帮助在关键部门建立信息共享和分析中心，组织年度泛欧网络安全演习，提高不同级别的响应标准并加强欧洲的准备工作。它的职权还扩展到欧盟在信息和通信技术网络安全认证方面的标准制定，并在加强整个欧盟的业务合作和危机管理方面发挥重要作用。2019 年通过的《网络安全法》进一步加强了 ENISA 在欧洲网络安全领域的作用,赋予了其更大的责任领域。ENISA 开始位于欧盟网络政策执行的前列,通过知识共享、能力建设和意识提升,与成员国和欧盟机构合作,加强对互联经济的信任,促进和协调欧盟公共和私人利益相关者的跨部门合作、信息共享和能力建设,从而提高信息通信技术和网络弹性以及发展网络安全技能,并最终确保欧洲社会和公民的数字安全。

第三章 网络安全治理全面战略升级
（2020—2024 年）

　　欧盟的经济和社会比以往任何时候都更加依赖于安全可靠的数字工具和连接，地缘政治局势紧张且与网络威胁交织凸显了混合威胁的风险，全球新冠疫情的冲击使得欧盟数字化进程被迫加快，数字领域国际格局的变化等都对欧盟网络空间的安全威胁产生了影响，欧盟在网络安全治理领域表现出更为明确的地缘政治立场，开始以更多的政治关注、更高层次的意识和全面升级的战略来管理其内部和国际网络安全。

　　数字主权话语频繁出现在欧盟的政策声明和文件之中，欧盟将数字主权融入了其网络安全战略和政策，提出了欧盟数据空间等网络安全和主权相关理念，并出台了《数字十年网络安全战略》。欧盟将制裁等政策融入了网络安全防御建设，此外，还在 5G、数据安全、人工智能等方面不断推动其安全治理及规范立法，致力于加强数字主权，成为全球网络安全和数字治理规则的制定者和引领者。在数字主权理念的指导下，欧盟通过加强立法，完善网络安全治理政策和体系，支持欧盟自主数字战略资产和产业的发展，树立网络安全全球规范等多方面的协同，达到了网络安全强化发展和协调的新高度。

第一节　欧盟网络安全治理新形势

进入 21 世纪第三个十年，数字发展与网络安全已成为国际治理的核心议题。网络安全是欧洲安全的重要组成部分，欧盟的经济和社会比以往任何时候都更加依赖安全可靠的数字工具和连接。然而，地缘政治动荡加剧混合威胁、全球疫情加快欧盟数字化进程与数字领域相对劣势和战略自主缺失等新形势都加剧了欧盟的网络安全风险。欧盟网络安全态势的演变深刻映射出国际格局的复杂性与数字时代的脆弱性，对其网络安全治理提出新的巨大挑战。

一、地缘政治动荡加剧混合威胁

俄乌冲突的持续和巴以冲突的爆发，欧盟周边的安全环境发生了巨大变化。国际组织功能和权威受到挑战，联合国等国际组织在调停冲突时屡遇阻力。美国政府奉行"美国优先"政策，频繁"退团"，并强化印太军事合作，对中国发起贸易战，强迫其他国家站队，导致大国关系紧张。英国脱欧，欧盟成员国政治上普遍右倾，欧盟一体化受到质疑。欧盟开始重点关注外部和内部安全之间的密切关系，认为需要与成员国采取全面、协调的行动，调整和提高欧盟作为安全提供者的能力。

国际地缘政治博弈的加剧导致网络空间成为国家间竞争和对抗的新领域。在网络发展和普及的同时，大多数国家网络安全概念和制度都得到发展。但在过去十年中，出现了许多与国家有关的网络威胁，这些威胁使各国感到不安全，包括对关键基础设施的监视／攻击，通过基于互联网／社交媒体的宣传干涉其他国家的内政，金融欺诈，盗窃知识产权以及损害国家安全。① 美国在 2018 年发布的网络安全战略中，表达了其通过使用武力来维护网络空间和平的意图，进一步引发了国际网络空间的安全困境。每个国家都在加强自身网络防御的同时，部分国家开始大力发展网络武器，探测、攻击其他国家的网络防御。越来越多的国家在其国家网络安全措施中倾向于采取更具攻击性的方法和措施，包括使用攻击性网络工具。网络成为陆地、海洋、空中和太空之外另一个独立的冲突领域，网络空间日益被用于政治和意识形态目的，国际上两极分化加剧，阻碍了有效的多边主义。

网络空间战略博弈并没能减少网络安全问题，反而导致国际网络安全环境日益恶化。缺乏归属、脆弱性增加和国家间博弈升级使得遏制网络武器发展的共识变得困难。② 大幅减少网络犯罪的具体目标尚未实现，欧洲刑警组织在互联网有组织犯罪威胁评估

① Sanjay Goel, "National Cyber Security Strategy and the Emergence of Strong Digital Borders", *Connections*, Vol 19, No.1, 2020: p.85.

② Sanjay Goel, "National Cyber Security Strategy and the Emergence of Strong Digital Borders", *Connections*, Vol 19, No.1, 2020: p.74.

中强调了这一现象的"持久性和坚韧性"①。威胁的形式不断变化，利用社交媒体控制政治叙事或煽动、招募和指挥代理人的大规模虚假宣传活动越来越多，混合威胁将造谣活动与针对基础设施、经济进程和公共机构的网络攻击结合在一起，网络威胁与地缘政治风险交织，全球网络攻击和大规模网络事件频频发生。欧盟的许多企业每年至少经历一次网络安全事件，五分之二的欧盟用户经历过安全相关问题。2019 年，欧盟记录了约 450 起针对能源、卫生、运输和金融等部门的信息和通信技术攻击。从 2022 年 7 月到 2023 年 6 月，欧盟网络与信息安全局记录的网络事件数量高达 2500 多起，其中 220 起事件专门针对两个或多个欧盟国家。② 欧洲刑警组织的报告显示针对公共机构和大公司的勒索软件攻击数量显著增长，其中包括对医疗保健和教育公共部门、金融或能源企业的网络攻击，欧盟官方机构同样也是这些攻击的目标。③ 欧盟网络安全持续受到传统网络安全威胁和地缘政治事件的双重影响，网络虚假信息、仇恨言论和影响儿童心理健康的内容越来越普遍，网络攻击急剧增多。网络安全风险与混合威胁持续上升，已经成为欧洲社会最不稳定的因素之一。

---

① Europol. Internet Organised Crime Threat Assessment (IOCTA) 2019, Hague, Netherlands: Europol, 2021, p.6.

② European Commission, 2030 Digital decade: Report on the State of the Digital Decade 2024, Luxembourg: European Union, 2024, p.18.

③ Europol. European Union serious and organised crime threat assessment, A corrupting influence: the infiltration and undermining of Europe's economy and society by organised crime, Luxembourg: Publications Office of the European Union, 2021, p.5.

二、全球疫情加快数字化进程

与技术的发展一样，2019 年新冠疫情全球大流行对世界经济产生了重大影响，进一步强调了加快欧洲数字化转型的必要性。数字技术如人工智能（AI）、区块链、无人机和物联网（IoT）在应对和摆脱疫情危机中发挥了重要作用，新冠疫情加速了全球进入第四次工业革命时代的进程。越来越多的人继续尽可能通过在线渠道开展活动，大大地加重了数字化在人类和欧盟社会、经济中的重要性。疫情期间，消费者的消费习惯被迫改变，为了寻求安全和便利，更多地转向在线零售。这一变化也对广泛的消费者行为产生了根本性影响，全球电商因此大幅增长，在线教育、电子商务等数字服务的需求激增。同样受疫情的影响，40% 的欧盟员工改用远程办公，加速了工作模式的数字化。[1] 这一危机迫使组织、机构和企业重新规划其运营模式，更广泛地利用互联网数字技术来保障其业务的持续。像全球大多数地方一样，欧洲也必须通过互联网和数字技术来继续进行政府活动、社会和经济生活，数字化进程和转型被动加速。

网络安全、缺乏监管、技术滥用以及跨境差异是数字技术发展和应用面临的共同挑战。数字化作为经济增长的引擎，带来了新的价值，包括经济价值、社会价值、产业价值和商业价值。日

---

① European Commission. The EU's Cybersecurity Strategy for the Digital Decade, Brussels: European Commission, 2020, p.1.

常生活、经济和社会发展越来越依赖于数字技术，公民、企业和公共机构却也越来越多地暴露于严重的网络安全事件中。针对电子商务、电子支付业务以及医疗保健系统的网络犯罪增多，一次恶意的网络攻击可能直接威胁到企业的生存和关键基础设施的运转。自疫情开始世界卫生组织遭受的网络攻击增加了五倍，2020年 2 月至 4 月全球针对金融部门的网络攻击激增 238%，被认为与全球疫情有关。[①] 除此之外，更多的敏感信息和数据也可以从网络上获得，涉及国家安全、商业和私人讨论等多个方面，政府、企业和公民的很多安全问题也就演变成了网络安全问题。同时，人工智能等新兴技术也是工业和科技创新的核心，网络安全对于这些技术应用于帮助欧盟和全球社会从疫情中恢复至关重要。

全球疫情凸显了技术相互依赖的社会的脆弱性，也使国际社会意识到加强数字世界安全的必要性。欧盟在疫情中也暴露了网络安全基础设施、技术的不足和脆弱性，因而增加了对弹性、增强技术和工业能力等高网络安全标准和整体网络安全解决方案的需求，并加强了欧盟进行安全可靠的数字化转型的紧迫感以及对数字化过程中面临的网络安全威胁的重视。

三、国际数字领域欧盟处于相对劣势

数字经济已成为全球经济增长的重要驱动力。数据是所有快

---

① World Economic Forum, Global Technology Governance Report 2021: Harnessing Fourth Industrial Revolution Technologies in a COVID-19 World, World Economic Forum, 2020, p.12.

速发展的数字技术的核心，如数据分析、人工智能、区块链、物联网、云计算和所有基于互联网的服务，它们已经成为一种基本的经济资源，还与隐私以及国家安全有关。另一方面，网络基础设施是数字经济发展的基石，人工智能和云计算是数字经济的关键推动者，计算能力正在改变经济增长模式，人工智能和机器学习技术的日益成熟正在改变我们的生活。由于欧债危机、英国脱欧等因素的影响，欧盟经济增长乏力，在数字领域的利益诉求变得更加迫切。虽然欧盟已经通过《通用数据保护条例》等法规加强了对数据流通的监管和用户数据的保护，在全球数字监管方面占据领先地位，但欧盟在数字基础设施和关键数字技术领域仍处于劣势。

欧盟在数字领域面临着依赖外国技术和基础设施的现状。美国和中国拥有全球一半的超大规模数据中心、全球最高的 5G 采用率以及全球最大数字平台市值的近 90%。[1] 当前欧洲数字化转型所需的 80% 的技术和服务是在第三国设计和制造的（52%），欧洲平台在过去十年中一直难以占据全球市场价值的 5% 以上。在全球领先的资讯及通信科技公司中，欧洲公司的数量很少，在市值排名前 50 的资讯及通信科技公司中，只有 3 家欧洲公司。高速、高质量的连接对网络的安全和稳定也十分重要，但欧盟连接覆盖方面进展有限，特别是在质量方面，只有 64% 的家庭可以接入光纤，高质量 5G 仅覆盖了欧盟领土的 50%（基于主要先锋频段），而且

———————————

[1] United Nations Conference on Trade and Development, Digital Economy Report 2021: Cross-border data flows and development, New York: United Nations, 2021, pp.15-16.

绝大多数 5G 的部署都不是独立的，实现互联互通目标仍然任重道远。[①]

根据普华永道的预测，到 2030 年，人工智能自动化有可能为世界经济增加 15.7 万亿美元，通过生产率的提高和政府以及企业运营方式的转变，到 2035 年，经济增长率将翻一番，这相当于全球 GDP 增长 14%。[②] 人工智能正处于技术进化和改进的阶段，美国在世界人工智能发展格局中处于领先地位，中国紧随其后。中国则在人工智能专利方面占据优势地位，2022 年中国以 61.1% 的比例领先全球人工智能专利申请量，美国则是顶级人工智能模型的主要来源，2023 年，美国的机构产出了 61 个著名的人工智能模型，远远超过欧盟的 21 个和中国的 15 个。[③] 欧洲议会发布的《欧洲数字主权》报告中更是明确指出，欧盟在人工智能等关键技术上的私人投资落后于中美两国，在数据收集与数据可及性上落后于中国，数字人才储备上也落后于美国。

欧盟对网络安全威胁的认识发生了明显的转变，受到外部威胁的看法日益增多，来自非欧盟的网络技术及其供应商也开始被欧盟视为其战略自主和安全发展的威胁。数字化进程加快暴露了

---

① European Commission, EY, Policy Tracker, LS telcom, Digital Decade 2024: 5G Observatory Report, UK: Ernst & Young Global Limited, 2024, p.18.

② Price Waterhouse and Coopers, Sizing the Prize, PwC's Global Artificial Intelligence Study: Exploiting the AI Revolution, London: Price Waterhouse and Coopers, 2017, pp.3-4.

③ Nestor Maslej, Loredana Fattorini, Raymond Perrault, et al., The AI Index 2024 Annual Report, Stanford: AI Index Steering Committee, Institute for Human-Centered AI, Stanford University, 2024, p.5.

欧洲在使用接触者追踪应用程序时与在线平台安全、位置数据和隐私问题以及社交媒体上虚假信息扩散有关的特殊漏洞。美国出台的《云法案》（CLOUD Act）和《外国情报监视法案》（Foreign Intelligence Surveillance Act）等法律文书赋予其情报机构监控云存储数据和其他互联网流量的权力，美国社交媒体平台越来越多地被用来传播虚假信息和破坏欧洲国家稳定，影响脱欧公投和选举等。[①]互联网的核心功能，如域名系统（DNS），以及通信和托管、应用和数据的基本互联网服务的依赖程度也在增加，这些服务越来越集中在少数几家私营公司手中，这使得欧洲经济和社会容易受到破坏性地缘政治或技术事件的影响。欧洲社会产生了欧洲被大型美国科技公司置于不利地位的普遍看法，对大型科技平台公司是否能够保护用户数据产生了严重怀疑，同时欧盟认识到自身对这些企业监管和控制的不足。数字领域混合威胁不断兴起，欧洲机构对境外大型社交媒体平台与欧盟的利益和价值观不一致的担忧日益加剧。欧盟与外界私营部门的信任关系走向破裂，激起了欧盟内部对"数据主权""技术主权"的呼吁，逐渐演变为只有欧盟技术公司被视为值得信赖的网络安全监管合作伙伴，而对非欧盟公司的依赖则被认为削弱了安全性，让非欧盟私营部门参与

[①] Micheal Hameleers, Thomas E. Powell, Toni G.L.A. Van Der Meer, et al., "A picture paints a thousand lies? The effects and mechanisms of multimodal disinformation and rebuttals disseminated via social media", *Political communication*, Vol 37, 2020: pp.281-301.

网络安全监管的意愿降低。①

　　中美贸易战和美国对中国的科技制裁，也让欧盟意识到自身网络安全方面的脆弱性以及加强其关键数字能力的必要性。欧盟竞争优势薄弱，关键数字技术上对外依赖程度较高，欧盟科技公司竞争力和国际市场占有率下降，收入减少，欧盟仅凭借自身实力难以为公民提供高水平的网络安全保障。欧盟越来越担心中国和美国在创新和竞争方面的领先地位，因而，不仅是有组织的网络犯罪和网络攻击，对源自美国和中国的外资拥有或经营的技术的过度依赖也逐渐被视为欧盟网络安全威胁之一。

　　总的来说，欧洲相对薄弱的数字产业被认为是一个网络安全领域的重大问题。欧洲信息通信技术安全产品和服务的市场供应仍然非常分散，这一方面使欧洲企业难以在全球层面上竞争，另一方面使欧洲公民和企业难以获得可行的技术。随着新的产业和技术革命的推动，网络和数字技术成为各个主要经济体发展和竞争的关键领域，能否赶上全球网络和数字技术发展的潮流关系到网络安全。同时，网络安全也是建立信任的基本要素，这对于数字经济发展至关重要。欧盟意识到在关键技术领域（如 5G、人工智能、量子计算等）保持自主性的重要性，认为依赖外部技术供应商可能带来安全风险，需要通过加强自主研发和技术创新，提升欧盟自身的技术主权。同时，全球供应链的复杂性增加了网络安全风险，确保供应链的安全性和可靠性，防止关键技术和基础

---

　　① Benjamin Farrand, Helena Carrapico, "Digital sovereignty and taking back control from regulatory capitalism to regulatory mercantilism in EU cybersecurity", *European Security*, Vol 31, No.3, 2022: pp. 436-439.

设施受到外部威胁对网络安全至关重要。增强技术和数字主权需要加强数字技术和网络安全产业的自主研发和创新能力，确保数字经济的可持续发展。如果在网络和数字技术领域占据优势地位，将可以在国际网络安全方面获得更多的利好，也可以加强在国际网络空间治理中的影响力。

第二节　《数字十年网络安全战略》

进入 21 世纪第三个十年，欧盟社会与经济高度依赖数字化基础设施，物联网设备激增及供应链全球化加剧了网络攻击风险，特别是在能源、交通、医疗等关键领域，网络犯罪损失逐年攀升等传统网络安全问题持续存在。地缘政治动荡加剧混合威胁、疫情加速欧盟数字化进程和欧盟在国际数字领域的相对劣势等形势加大了对欧盟网络安全的挑战。在此背景下，欧盟发布了《数字十年网络安全战略》，该战略是塑造欧洲数字未来、欧盟委员会欧洲复苏计划（Recovery Plan for Europe）和安全联盟战略 2020—2025 的关键组成部分。

一、数字十年网络安全内容

战略首先强调欧盟社会与经济高度依赖数字化基础设施，但疫情加速的远程办公、物联网设备激增及供应链全球化加剧了网络攻击风险。关键领域如能源、交通、医疗及民主进程面临严峻风险，网络犯罪损失逐年攀升，而中小企业及公共部门防御能力薄弱，技能人才短缺问题突出。为此，欧盟提出系统性解决方案，部署监管、投资和政策工具三种主要工具的具体建议，涉及欧盟行动的三个领域，一是弹性、技术主权和领导力，二是建设预防、威慑和应对的行动能力，三是合作推进网络空间全球化和开放。[①]

弹性、技术主权和领导力方面，战略建议通过修订《网络和信息系统安全指令》（NIS 指令）强化关键部门的网络弹性，设立覆盖全欧的安全行动中心网络，实时监测威胁并共享情报，构建"欧洲网络盾牌"。同时，推动部署量子通信基础设施（QCI）与卫星通信系统建设，确保政府与关键机构通信的超高安全性。在技术主权层面，战略聚焦减少对外依赖，并将网络安全纳入人工智能、加密和量子计算等关键技术的所有数字投资中，从而刺激网络安全行业的增长。战略还提出"DNS4EU"计划，打造欧洲自主DNS 解析服务，减少对非欧盟企业的依赖，保障互联网访问的透明与安全。通过数字欧洲计划、地平线欧洲等资金支持，建设网络安全技术能力中心网络（CCCN），该网络及其中心将促进网络安全技术的发展和部署，并补充欧盟和国家层面在该领域的能力建设工作，培育本土供应链竞争力。针对物联网设备漏洞，拟制定横向法规强制厂商履行漏洞修复责任，并推动"修复权"保障用户设备安全。5G 网络安全方面，落实欧盟工具箱要求，协调成员国限制高风险供应商，保障 5G 网络可持续和多样化的供应链。

预防、威慑和应对的行动能力提升方面，战略提出组建"联

---

① European Commission. The EU's Cybersecurity Strategy for the Digital Decade, Brussels: European Commission, 2020, p.4.

合网络部队",整合成员国与欧盟机构的民防、执法、外交及国防资源,建立跨境事件协同响应机制,并加强公私合作。打击网络犯罪则强调完善电子证据跨境调取规则和罪犯追踪、起诉,提升执法机构数字调查能力,重点遏制儿童性侵内容传播与暗网犯罪。外交层面,扩展"欧盟网络外交工具箱",联合盟友对恶意网络活动实施制裁,并通过情报协作增强威胁溯源能力。通过不同的欧盟政策和工具,发展最先进的网络防御能力。

国际维度上,欧盟致力于推动全球开放网络空间治理,反对数字割裂与技术霸权,加强对国际标准化进程的参与和领导,并加强其在国际和欧洲标准化机构以及其他标准制定组织中的代表性,推广符合欧盟价值观的技术规范和治理法规,如《网络犯罪公约》。加强和扩大与第三国的网络对话,并支持发展中国家建设安全基础设施。此外,欧盟将深化与北约等伙伴的合作,共同应对混合威胁,并在联合国等多边框架下倡导负责任的国家行为准则。

总体而言,该战略以韧性为基础、技术自主为支柱、协同防御为手段、全球合作为延伸,通过监管、投资和政策举措三种工具,将网络安全嵌入数字化转型各环节,旨在应对日益复杂的全球网络威胁环境,确保在欧洲人民的安全和基本权利面临风险时提供强有力的保障和欧盟在数字化转型中的安全与领导地位。由于网络威胁的复杂性,网络防御逐步成为欧盟网络安全中的关键问题,欧盟也将网络问题纳入其外交与安全政策的主流,因为在这个领域往往难以区分内部和外部威胁的联系。战略中还增加了"威慑"和"外交",欧盟网络安全治理已经从关注内部市场和打击网络犯罪转变为一种非常全面的方法，涵盖了从网络安全认证到网络外交的各个主题。[①] 该战略清楚地表明了外国科技与欧盟网络安全目标之间不断变化的关系，反映了欧盟的网络安全战略从强调关注威胁和风险本身转向关注行为者驱动的对抗性网络威胁。战略中还强调把网络安全纳入所有关键数字技术投资和外部金融工具，意味着欧盟的战略重点开始涵盖更广泛意义上的网络安全。

二、核心理念：技术主权

《数字十年网络安全战略》中欧盟将避免对关键技术供应链的依赖，加强技术主权，在数字供应链的数字技术和网络安全方面发挥领导作用。欧盟试图在数字化转型中实现网络安全，直接将网络安全与数字技术主权关联。

（一）技术 / 数字主权的概念

主权是一种合法的、控制权力的形式，是一个以国家为中心的词语。然而，欧盟既不是一个民族国家，也不是一个主权国家，并且，由欧洲一体化而形成的欧盟本身就打破了传统的主权概念。欧盟一直宣传自己是一个规范性力量，但在地缘政治问题上缺乏正式的主权权威。

网络空间实际上缺乏物理边界，对理解主权提出了理论和实

---

① Sarah Backman, "Risk vs. threat-based cybersecurity: the case of the EU", *European Security*, Vol 32, No.1, 2023: pp.85-86.

践方面的挑战，对集体主权的概念更是如此。像欧盟这样的超国家机构积极推广国家主义概念——主权，是尤为奇特的。联合国信息安全政府专家组 2013 年和 2015 年的报告确立了《联合国宪章》中的国家主权原则适用于网络空间，但各国在该原则的具体应用上解释不一。鉴于互联网的巨大影响力，以及对其用于政治和军事目的的回应，国际互联网主权的概念正在迅速转向主权互联网边界的概念。[①]

技术能力原本是一个经济竞争力的问题，而技术主权则将其视为政治中的一个因素。各国普遍认为有必要培育本土科技产业，发展自身的"技术主权"，尤其是在可能对国家安全造成重大影响的情况下。数字主权将两个看似不相容的概念，即基于领土管辖权的"主权"和代表着无限网络空间的"数字"结合在一起。数字主权、网络主权、技术主权和数据主权指的是对数字相关的物理层（基础设施、技术）、代码层（标准、规则和设计）和数据层（所有权、流程和使用）的控制能力。[②]

（二）技术 / 数字主权在欧盟的深化

虽然网络空间的"主权"缺乏明确和统一共识的定义，但近几年欧盟官员和政策文件频繁使用术语"数字主权""数据主权"

---

① Sanjay Goel, "National Cyber Security Strategy and the Emergence of Strong Digital Borders", *Connections*, Vol 19, No.1, 2020: p.79.

② Melody Musoni, Poorva Karkare, Chloe Teevan, et al., "Global approaches to digital sovereignty: Competing definitions and contrasting policy", ECDPM Discussion Paper, No. 344, 2023, p.5.

和"技术主权"，以及与数字领域相关的"战略自治"，在欧盟的语境中，"技术主权"与"数字主权"基本等同。欧盟数字主权是基于"欧洲战略自治"的概念，战略自治是指欧盟及其成员国在高度相互依赖的世界中采取独立行动的能力，实现战略自主是欧盟的一个关键目标。欧盟国家深受"棱镜门事件"的打击，德国政府在其 2013 年底的《联合执政协议》中呼吁欧洲要重新赢回技术主权，加强互联网基础设施建设，构建可信任的德国和欧洲网络空间。①2016 年欧盟全球战略也强烈呼吁欧洲实现"战略自主"，欧盟将战略自主权定义为"在必要的时间和地点，尽可能自主行动的能力"。

2019 年冯德莱恩在 2019—2024 年欧盟委员会的愿景中明确表示数字主权是她的政策事项之一，"欧洲必须通过实现技术和数字主权，引领向新的数字世界的过渡，目的是确保创建一个在安全和道德界限内适合数字时代的欧洲"。②冯德莱恩将技术主权描述为"欧洲根据自己的价值观做出自己选择的能力，尊重自己的规则，特别是在技术方面"，她还呼吁欧盟"掌握包括量子计算、人工智能、区块链和关键芯片技术在内的关键技术""拥有共同标准、千兆网络和当前和下一代安全云的适合未来的基础设施"和"作

---

① 郑春荣等：《德国参与网络空间国际治理的主张、实践与动因分析》，《同济大学学报（社会科学版）》2022 年第 6 期，第 25 页。

② Ursula von der Leyen, A Europe that strives for more: my agenda for Europe, Brussels: European Commission, 2019, pp.12-13.

为数字化原材料的数据"。① 她就任欧盟委员会主席后，对欧盟数字安全进行了更加结构化的布局，数字主权成为欧盟委员会一项明确、具体的政策，对私营部门的网络安全关系产生了影响。冯德莱恩强调主权是指为数字技术选择"欧洲方式"的能力，平衡数据使用带来的机会与隐私、安全和道德标准。《塑造欧洲数字未来》（*Communication: Shaping Europe's Digital Future*）具体化了冯德莱恩的政策指导方针，强调了："主权始于确保欧盟的数据基础设施、网络和通信的完整性和弹性，需要为欧洲发展和部署自己的关键能力创造合适的条件。"② 欧盟希望通过数字主权及其能力的发展从而减少欧洲对全球其他地区最关键技术的依赖，并且认为这种能力将加强欧洲在数字时代定义自己的规则和价值观的能力，有利于欧盟维护和推广其价值观。

不断加剧的地缘政治紧张局势和发展强大数字经济的必要性被欧盟用来证明数字主权概念的合理性。数字主权的提出是欧盟担心其公民、企业和成员国正在逐渐失去对自己的数据、创新能力以及在数字环境中制定和执行立法的能力的控制。在经济和技术上，域外网络大国在某种程度上都被视为欧盟的竞争对手。欧

---

① Ursula von der Leyen, Press remarks by President von der Leyen on the Commission's new strategy: Shaping Europe's Digital Future, Brussels: European Commission, 2020, p.1; Ursula von der Leyen, Speech by President-elect von der Leyen in the European Parliament Plenary on the occasion of the presentation of her College of Commissioners and their programme, Brussels: European Commission, 2019, p.4.

② European Commission, Shaping Europe's digital future, Brussels: European Commission, 2020, p.3.

盟将外部行动者故意制造和传播虚假信息的行为定性为"战略挑战"。[①]欧盟开始将其依赖的许多外部私营技术基础设施提供商也视为威胁，重申对欧盟技术独立性的呼吁，目的是重新掌握其网络空间治理控制权，保护其数字边界免受外部竞争的影响。欧盟认为只有以技术主权和战略自主为基础的集体反应，才能充分缓解日益数字化带来的共同风险和威胁，同时确保欧盟未来的数字生态系统发展更加可持续、安全和有弹性。技术 / 数字主权成为解决欧盟信息和通信技术的安全、技术创新和数字经济竞争力问题，以及在数字化转型时代支持欧洲社会的运转的方案。数字空间中的自决和独立决策，既是一种保护机制，也是促进数字创新的手段。如保障数据主权意味着欧盟可以控制如何使用欧盟公民的数据，并通过数据的使用推动创新，使欧洲成为数据经济领域的领导者。[②]在此之后，"数字 / 技术主权"的欧洲概念逐渐成形，并不断得到强化。数字主权被定义为欧洲"在数字世界中独立行动的能力"。欧盟将数字技术和相关产业的竞争能力与安全挂钩，其数字主权概念强调了发展技术能力的需求，这不仅是为了经济目的，也是为了安全目的。

在这种背景下，欧盟与成员国达成了广泛共识，即"数字化转型对欧洲复苏、繁荣、安全和竞争力以及社会福祉至关重要，

---

① Rocco Bellanova, Helena Carrapico, Denis Duez, "NATO-EU Cooperation in Cybersecurity and Cyber Defence Offers Unrivalled Advantage", *Information & Security*, Vol 45, 2020: p.40.

② European Commission, A European Strategy for Data, Brussels: European Commission, 2020, p.24.

加强欧洲的数字主权，创造更安全的数字空间和公平的竞争环境可以加强数字服务的单一市场，促进创新和竞争力"[1]。欧盟的治理政策积极增强欧洲在数字领域的战略自主权，发展和控制欧盟自主的数字安全基础设施和关键技术，并减少对世界其他地区依赖的前进道路，在国际体系中取得领导地位，将欧盟发展成一个安全和有弹性的社会。[2]欧盟希望利用自身优势，并通过解决结构性弱点和脆弱性，保护和加强其在战略性国际数字价值链中的数字主权和领导地位。欧盟开始制定更多的相关投资议程，以减少供应链脆弱性，收紧有关外国投资、市场准入和国际合作的规则。同时，欧盟努力维护其地缘经济和地缘政治地位，特别是针对其他国家和私营部门参与者，如担心实力日益强大的外部科技公司为数字领域制定仅利于他们自己的规则。

强调数字主权表明欧盟认为只有欧盟"自己"内部技术的发展才有助于增强其安全和弹性，在关键技术方面对"全球其他地区"的依赖则被认为削弱了欧盟的安全，欧盟对威胁的担忧从可能破坏欧盟稳定的明确安全威胁转向了非传统的经济、技术竞争问题。强调以数字主权为中心的网络安全，不是欧盟一贯倡导的自由主义与纯粹基于市场化的决定，而是会更积极地采取符合欧盟利益的干预措施，控制网络安全的进程和选择符合自身规则和

---

[1] Council of the European Union. Statement of the Members of the European Council, Brussels: Council of the European Union, 2021, p.3.

[2] Rocco Bellanova, Helena Carrapico, Denis Duez, "Digital/sovereignty and European security integration: An introduction", *European Security*, Vol 31, No. 3, 2022: pp.339-342.

价值观的合作伙伴，从而促进其数字主权安全。这种主权诉求的强化，折射出全球化深度调整期的结构性矛盾。面对中美技术对抗加剧、供应链安全风险攀升的现实，欧盟的网络安全战略已从传统的防御思维转向主动布局。这种转变不仅体现在对非欧企业的监管趋严，更反映在研发投资、学术合作、产业政策的全方位调整中。

第三节　围绕数字十年的网络安全治理

围绕《数字十年网络安全战略》，欧盟更新和调整其现有的一些法律、监管和金融工具，在网络安全和关键数字技术等领域更积极地促进欧盟的数字主权，并通过完善监管和规则体系、加强数字技术能力建设和宣传其数字治理理念等方式进行数字化转型。[①] 这一阶段欧盟的网络安全治理主要从建设预防、威慑和应对的业务能力，加强技术主权，提升欧盟全球地位以及网络安全与数字转型结合四个方面展开。

一、建设预防、威慑和应对的业务能力

欧洲委员会于 2020 年 9 月通过了一项数字金融一揽子计划，以进一步实现和支持数字金融在创新和竞争方面的潜力，同时减

---

① 蔡翠红，张若扬：《"技术主权"和"数字主权"话语下的欧盟数字化转型战略》，《国际政治研究》2022 年第 1 期，第 9 页。

轻由此产生的风险。作为数字金融一揽子计划的一部分，欧洲提出关于欧洲金融部门数字弹性的立法——《数字运营弹性法案》（DORA），以弥补之前在金融网络安全监管领域的空白，目的是为欧洲金融机构引入一个统一的、全面的数字运营弹性框架。

2020年7月，欧盟官方智库——欧盟议会研究服务局发布了名为《欧洲的数字主权》的报告，指出欧盟的公民、企业和成员国正在逐渐失去对其数据的控制权，为此应当加强欧洲在数字领域的战略自主权。[1] 2020年9月欧盟的战略展望报告中指出，欧盟存在某些漏洞，特别是在网络安全方面，该报告确认了"加强了欧盟追求其技术主权议程并加强其关键数字能力的必要性"。[2] 这一系列文件为欧盟加强网络监管奠定了基础。2021年6月，欧盟委员会提议建立一个新的联合网络单位（Joint Cyber Unit），以应对日益增多的影响欧盟企业和公民生活的重大恶意网络事件。联合网络单位旨在将网络安全社区聚集在一个平台上，以促进合作，并使现有网络充分发挥其潜力。

为了应对日益增加的网络威胁，欧盟在审查了第一版NIS指令之后，于2022年12月14日通过了更新的《NIS2指令》（NIS2 Directive）。除了能源、运输、医疗保健、金融、水管理和数字基础设施等已被第一版NIS指令涵盖的部门之外，NIS2指令将适用

---

[1] Tambiama Madiega, "Digital sovereignty for Europe", European Parliamentary Research Service Ideas Paper, 2020, p.1.

[2] European Commission, 2020 Strategic foresight report: charting the course towards a more resilient Europe, Brussels: European Commission, 2020, p.31.

范围扩大到 18 个关键部门，加入了中央和区域一级或空间的公共电子通信服务提供商、更数字化的服务（如社交平台）、废水和废物管理、关键产品制造、邮政和快递服务、公共管理等部门。指令要求这些关键行业的大中型实体必须采取适当的网络安全风险管理措施，并将重大事件通知相关国家当局。要求成员国实施国家网络安全战略，包括供应链安全、漏洞管理以及网络安全教育和意识的政策，加强其网络安全能力，同时向更多实体引入风险管理措施和报告要求，并制定跨境合作、信息共享、监督和执行网络安全措施的规则。成员国还必须建立并定期更新基本服务运营商的清单，确保这些实体符合指令的要求。该指令还引入了最高管理层对不遵守网络安全风险管理措施的问责制，也包括了监督、执行和评审的规定，以增强整个欧盟的相互信任和网络安全能力。为了管理大规模网络安全事件或危机，该指令创建了欧洲网络危机联络组织网络（European Cyber Crisis Liaison Organisation Network, EU-CyCLONe），旨在支持协调管理，并确保在发生大规模事件和危机时成员国和欧盟机构之间定期交换信息。NIS2 要求成员国必须在 2024 年 10 月 18 日之前完全转换和实施新标准，通过更广泛的范围、更清晰的规则和更强有力的监管工具，致力于提高欧盟在网络安全方面的共同目标水平。

2023 年 4 月，欧盟发布了关于《网络团结法案》（Cyber Solidarity Act）和"网络安全技术学院"（The Cybersecurity Skills Academy）的计划，旨在加强欧盟成员国团结，部署泛欧洲安全运行中心基础设施（即欧洲网络盾），以建立和增强公共的检测和态势感知能力，更好地应对网络安全威胁和事件。[①] 2023 年 12 月，欧盟出台为欧盟各机构、办公室和代理机构制定高水平的网络安全措施的条例，要求每个欧盟实体建立内部网络安全风险管理、治理和控制框架，网络安全风险管理、报告和信息共享，旨在实现欧盟实体内部网络安全的高共同水平。

二、加强技术主权

欧盟新的战略认为这些非欧盟的私营部门及行为体与外国势力一样会对欧盟的网络安全产生威胁，因此欧盟必须保护自身的数字主权。[②] 这代表着欧盟认识到其对从基础设施到国际标准制定等必要的技术资源的最低程度的支配或控制是其实现数字主权的必要条件。欧盟围绕数字主权理念重新制定了与网络空间、网络安全和数字领域相关的多项政策和举措。欧盟将数字主权与欧盟单一数字市场挂钩，通过贸易规范和监管政策来施加影响，如对 5G 和外国直接投资等施加外交政策的限制或要求。

（一）关键数字技术主权

2020 年欧盟工具箱明确表示 5G 网络的网络安全对于确保欧盟的技术主权至关重要，它引入了减轻 5G 网络带来的风险的措施，

---

① 谢波、王志祺：《欧盟网络安全政策法律的发展演变、主要特点和经验启示》，《中国信息安全》2024 年第 3 期，第 54—55 页。

② Benjamin Farrand, Helena Carrapico, "Digital sovereignty and taking back control from regulatory capitalism to regulatory mercantilism in EU cybersecurity", *European Security*, Vol 31, No.3, 2022: p.447.

并建议成员国对被认为是高风险的供应商实施相关限制，并对核心网络功能等关键资产实施必要的排除，避免依赖单一供应商，特别是被认为高风险的供应商。① 欧盟 5G 工具箱将 5G 标准和 5G 认证作为缓解 5G 网络安全风险的重要手段，明确体现了欧盟技术主权的政策理念。

欧盟 2020 年 2 月发布的《人工智能白皮书：欧洲追求卓越和信任的方式》拟议的措施旨在提高欧洲在数据经济关键支持技术和基础设施方面的技术主权，该文件指出人工智能的数据和算法应用可能在包括网络安全领域在内的众多领域具有重大的安全影响，尽管欧洲超过 50% 的制造商部署了人工智能是能使其从中受益的，但主要问题在于其所依赖的大多数人工智能解决方案都是在欧盟以外融资和开发的，欧洲的投资落后于北美和亚洲，使其在国际竞争中处于相对较弱的地位。② 为此欧盟增加了相关的学术资助项目、研发和企业投资，并提出加强监管框架，将为高风险的人工智能开发领域制定更高的标准。欧盟还在 2024 年 1 月通过了人工智能创新一揽子计划来支持其人工智能初创企业和中小企业。

为了进一步加强欧盟的战略技术主权及其领导地位，欧盟于 2023 年 5 月建立了欧洲战略技术平台（Strategic Technologies for Europe Platform, STEP），这是一项开发与绿色和数字化转型以及

---

① NIS Cooperation Group. Cybersecurity of 5G networks—EU Toolbox of risk mitigating measures, Brussels: European Commission, 2020, pp.20-21.

② European Commission, White paper on Artificial Intelligence-A European approach to excellence and trust, Brussels: European Commission, 2020, p.16.

欧盟战略主权相关的关键新兴技术的工具。该平台旨在提高欧盟数字技术等关键技术的制造能力，并加强价值链，解决这些领域的劳动力和技能短缺问题。

除了一系列政策倡议，欧盟还通过立法文件的提出和谈判，加强其在关键数字技术方面的主权和监管地位。《欧洲芯片法案》旨在发展欧盟繁荣的半导体生态系统和弹性供应链，引导成员国促进国家政策和投资，以进一步刺激国内芯片设计和制造能力，并提高各部门在先进技术方面的技能。在 2023 年《关键原材料法》中欧盟也规定了到 2030 年战略原材料价值链和供应多样化方面需达到的基准。欧盟《人工智能法》（Artificial Intelligence Act, AIA）采用"自上而下"的模式，规定高风险场景类型和匹配对应措施，留给被规制者的自由裁量空间非常有限。

（二）建设能力中心和国家协调中心网络

欧盟在网络安全研究、技术和产业发展方面拥有丰富的专业知识和经验，但工业界和研究界的努力是分散的，缺乏一致性和共同的使命，这导致欧盟仍然缺乏足够的技术和工业能力，无法自主确保其经济和关键基础设施的安全，也无法成为网络安全领域的全球领导者，阻碍了该领域的竞争力和对网络和系统的有效保护。行业、网络安全研究团体和政府之间的战略和可持续协调与合作水平不足，欧盟投资不足，获取网络安全知识、技能和设施的机会有限，而且欧盟网络安全研究和创新成果很少能转化为市场解决方案或在整个经济中广泛部署。

数字主权超越了技术和数据监管，还包括促进创业和资助创新。鉴于网络安全带来的挑战之大，世界其他地区都加大了对网络安全能力的投资，欧盟和成员国也需要加大对该领域研究、开发和部署的资金支持。2021 年 5 月 20 日，欧盟正式建立了欧洲网络安全工业、技术和研究能力中心（the European Cybersecurity Industrial, Technology and Research Competence Centre）和国家协调中心网络（the Network of National Coordination Centres）。欧盟授权能力中心采取措施支持工业技术和研究与创新领域，目的是为欧盟在网络安全领域的领导地位做出贡献。能力中心是欧盟在网络安全研究、技术和产业发展方面汇集投资的主要工具，并与国家协调中心网络一起实施相关项目和举措。能力中心的总体目标应为促进网络安全领域的研究、创新和部署。"地平线欧洲"计划中的欧盟网络安全研究和工作项目的资金由欧盟委员会的欧洲网络安全能力中心（ECCC）管理。

（三）欧洲共同数据空间

当数据流量成为新型战略资源，算法权力构成新的治理疆域时，欧盟试图将单一市场规制优势转化为全球数字秩序的主导权。数据保护和数据安全不再被视为技术发展的障碍，而被欧盟视为创新的驱动力。加强欧洲云和数据基础设施项目 GAIA-X 是确保欧洲数字主权的一项重要举措。为了对抗非欧洲市场力量，欧盟委员会（European Commission）和主要成员国试图通过与欧洲企业捆绑，并利用基于欧盟条约的自身价值观，来打造对抗第三方的竞争优势。欧盟认为建立一个安全的泛欧数据框架，采用新的标准和实践来提供可信和可控的数字产品和服务，将确保一个更安全的数字环境，符合欧盟的价值观和原则。此外，在竞争和监管框架中，为了实现更大的技术自主权，欧盟转向了更具防御性和审慎性的机制，包括针对外国国有所有权和大型科技公司的新规则。

欧盟成员国法国和德国政府基于数字主权的理念发起了一个开发独立云计算系统的欧洲项目计划——GAIA-X，旨在为欧洲建立一个"高性能、有竞争力、安全和值得信赖的数据基础设施"，以实现在促进创新的同时实现数字主权方面的最高愿望。欧盟的目的是利用该计划为欧洲的跨业务数据共享提供更好的隐私和安全性，保护用户的数据安全，促进供应链上的数据整合，并为价值创造开辟新的机会，同时扩大欧盟的监管权力。法国前经济和财政部长布鲁诺·勒梅尔指出该项目的本质是关于欧洲主权的，强调了欧洲的价值观。[①] 在某种程度上，GAIA-X 项目是由对美国失去信任所驱动的，欧盟因此认为依赖于美国的云服务会威胁"欧洲的生活方式和价值观"。它的目标是基于开放和可互操作的标准为欧洲建立一个联邦数据基础设施，促进欧盟的单一数据市场，这反过来可以提高欧洲云提供商将数据货币化的能力。从长远来看，该项目能够巩固欧洲数字公司在市场中的地位。GAIA-X 计划对外国公司开放，但它们必须遵守欧盟公司在该计划下应遵循的原则和政策。这一倡议的目的是促进欧洲数据驱动的基础设施建

---

① Philipp Grüll, Samuel Stolton, Altmaier charts Gaia-X as the beginning of a "European data ecosystem", 5 June 2020. https://www.euractiv.com/section/data-protection/news/altmaier-charts-gaia-x-as-the-beginning-of-a-europe an-data-ecosystem/.

设，促进欧盟科技企业的发展，并减少对美国和中国科技公司的过度依赖，同时提高其政府确保采用欧盟隐私标准的能力。

　　大数据的机遇与挑战一直被讨论，数据驱动创新（Data Driven Innovation）是指围绕着处理大量数据以提取有意义的见解和创造有价值的创新而发展。[①] 第四次工业革命的特点是将智能技术引入制造、工业和商业化的过程，这将产生大量的专有工业和商业数据，充分利用这一机会意味着公司和国家需要可靠和安全的云存储，以保护它们的数据和商业秘密免遭盗窃和工业间谍活动。这种云存储和云计算的技术能力被视为日益数字化的经济中实现增长的关键技术。欧盟的政策制定者们清楚地意识到，数字基础设施在打击网络犯罪和网络恐怖主义以及欧洲安全一体化等关键领域具有重要作用。

　　欧盟委员会于 2020 年 2 月宣布了欧洲数据战略，提出了"单一欧洲数据空间"的愿景，它被描述为"一个真正的单一数据市场——对来自世界各地的数据开放——个人和非个人数据，包括敏感的商业数据，都是安全的，企业可以轻松访问高质量的工业数据，促进增长和创造价值"。[②] 这是因为欧洲数据战略认识到投资于欧盟共同数据空间作为推动关键经济部门和公共利益领域增长和创新的机制的战略重要性。欧洲数据战略为创建欧洲数据空间

---

　　① 　Granell Carlos, Mooney Peter, Jirka Simon, et al., Emerging approaches for data-driven innovation in Europe, Luxembourg: Publications Office of the European Union, 2022, p.5.

　　② 　European Commission, A European Strategy for Data, Brussels: European Commission, 2020, p.4.

铺平了道路，以确保更多数据可用于经济和社会，同时让公司和个人控制其数据。此外，欧盟还采取了一种开发符合高道德标准的人工智能技术的方法，旨在成为负责任和值得信赖的人工智能的全球领导者，并为欧洲开发商和制造商提供竞争优势（即消费者和用户最终青睐符合欧盟标准的产品），以期在开发人工智能的竞赛中赶上美国和中国。[①]

欧洲共同数据空间（EU data spaces）是欧洲数据战略中引入的一个新概念，并在《数据治理法》（Data Governance Act, DGA）中得到了进一步阐述。这一空间预计将促进创新、经济增长和数字化转型，并围绕创建一个尊重隐私、安全和其他适用监管因素的数据共享框架，同时促进跨部门协作和互操作性。尽管欧盟共同数据空间具有潜力，但从数据保护和网络安全的角度来看，仍然需要考虑适当的技术和组织措施，以及如何将其付诸实践。欧盟委员会拨出80亿欧元用于开发在欧洲制造的下一代超级计算机，以及20亿欧元的欧盟资金致力于开发欧洲云基础设施和服务，目标是欧盟成员国和工业界投资20亿至40亿欧元的额外资金，以"在战略部门建立欧盟范围内通用的、可互操作的数据空间"。[②]

---

① Tambiama Madiega, "Digital sovereignty for Europe," European Parliamentary Research Service Ideas Paper, 2020, p.3.

② European Commission, A European Strategy for Data, Brussels: European Commission, 2020, p.16.

三、提升欧盟全球地位

欧盟已经凭借其网络外交工具箱迈出了第一步，将自己确立为欧洲地理边界以外网络空间的全球行动者。欧盟在《数字十年网络安全战略》中立志成为供应链安全技术和网络安全领域的领导者，并希望通过加强对国际标准化进程的参与引领全球数字治理，塑造符合欧洲价值观的网络空间标准、规范和框架。

（一）注重建立欧盟规范和标准

网络空间软实力作为数字化时代国家综合国力的战略支柱，在欧盟的发展实践中展现出多层次价值内涵，其本质是现实世界软实力在网络空间的延伸与重构，体现为国家在网络基础设施、数字技术创新和网络文化传播中形成的吸引力，也表现为通过数字外交将价值观转化为国际规则的实际影响力。网络空间的战略价值使其超越了单纯的技术维度，从流媒体平台的文化产品到社交媒体中的意识形态传播，从数据治理的制度规范到网络社群的行为方式，这些要素共同构成了具有安全敏感性的数字文化生态。当前网络政治文化更呈现出公众舆论的瞬时裂变效应、突发事件引发的认知震荡，以及外部势力渗透导致的价值冲突等脆弱性特征，带有鲜明的国际安全色彩，是网络时代一个突出的安全问题，使得维护政治文化稳定性与数字主权合法性成为欧盟网络安全战略的重要命题。①

　　一直以来，欧盟都非常注重其规范性力量等软实力的发展，在网络安全治理方面也不例外。欧盟积极参与国际网络安全规范的形成和制定，欧盟越来越多地成为"网络规范制定者"。参与制定国际网络安全规范是欧盟加强其在全球网络空间治理领域领导力的重要手段。欧盟认为与美国、中国和俄罗斯的标准化相比，欧盟委员会在数字市场、服务、算法和数据相关法律法案的准备方面积累了丰富的专业知识，这种法规、标准和规范的知识是非洲联盟、东盟国家、巴西、澳大利亚和韩国等各种国际参与者的高需求，因此欧洲可以成为数据保护和数据安全、加密和网络安全标准出口国的角色。② 如欧洲与非洲的关系主要是利益驱动的，欧洲长期通过对非洲的发展援助保持其在非洲大陆的利益。③ 地缘政治环境促使欧盟及其成员国更加注重提高自身在伙伴国（尤其是非洲）中的知名度、地位和政治影响力。

　　为了使欧盟的人工智能愿景成为现实，《2021 年人工智能审查协调计划》强调了在可信赖的人工智能领域建立欧盟的全球领导地位，提出了具体和有针对性的共同行动，鼓励欧盟委员会与成员国和私人行为体调动大量关键资源来推进共同的优先事项，包

---

　　① 刘兴华，李冰:《国际安全视域下的网络文化与网络空间软实力》，《国际安全研究》2019 年第 6 期，第 78—80 页。

　　② Annegret Bendiek, Matthias C. Kettemann, "Revisiting the EU Cybersecurity Strategy", SWP Comment No.16, Berlin: Stiftung Wissenschaft und Politik(SWP), Feb 2021, p.6.

　　③ 卡罗琳·布沙尔，约翰·彼得森，娜萨莉·拓茨:《欧盟与 21 世纪的多边主义》，薄燕等译，上海：上海人民出版社，2016，第 208 页。

括加速对人工智能技术的投资，以推动有弹性的经济和社会复苏，就人工智能战略和计划采取行动，确保欧盟充分受益于先发采用者的优势，以及调整人工智能政策，消除碎片化，应对全球挑战。

当前全球层面网络安全相关的国际法规尚处于非常不完善的阶段，欧盟通过制定内部法律和价值规范，包括《通用数据保护条例》《数字市场法》《数据治理法》以及《人工智能法》等提案，然后借由欧盟的国家和企业将其规范影响不断扩散，进一步在国外塑造数字标准，从而加强欧盟的规范性权力和网络软实力。如欧盟通过充分性认定协议进行的跨境数据分级流动治理，就对欧盟以外的国家的数据治理产生了影响，致使商业伙伴形成与欧盟相当的数据治理标准。充分性认定机制是欧盟与第三国签订的最主要的数据流动协议方案，目的是确保第三国的数据保护水平与欧盟的数据保护水平"实质相当"。2023 年，欧盟分别与东南亚国家联盟、日本等签订了数据跨境流动的专门协议，进一步放宽对其他国家或地区数据跨境的限制要求，促进欧盟与其他区域之间的数据流动。截至 2024 年 1 月，欧盟已与日本、加拿大、以色列等 16 个国家和地区达成了充分性认定协议。欧盟目前认可为个人数据提供充分保护的国家和地区有安道尔、阿根廷、加拿大（仅包括商业组织）、法罗群岛、根西岛、以色列、马恩岛、泽西岛、新西兰、瑞士、乌拉圭、日本、韩国、英国。在通过了欧盟的认定之后，欧洲经济区内的企业可以向这些国家和地区自由传输数据，如同在欧洲经济区一样。

（二）"全球门户"计划

欧盟于 2021 年启动了一项新战略——"全球门户"（Global Gateway）计划，旨在通过欧洲团队的方式，将欧盟、成员国及其金融和发展机构聚集在一起，动员高达 3000 亿欧元的投资，旨在促进数字、能源和交通部门的智能、清洁和安全联系，重点是对高质量基础设施的投资，使其符合欧盟的利益和价值观，增强欧盟在数字领域的权力。欧盟委员会主席乌苏拉·冯德莱恩在 2022 年 12 月全球门户理事会第一次会议上表示，全球门户首先是一个地缘政治项目，因为基础设施投资是当今地缘政治的核心，计划目标是使欧洲在竞争激烈的国际市场中定位。

欧盟通过该计划在地中海海底铺设高速光纤电缆，为摩洛哥、阿尔及利亚、突尼斯和埃及的大学和研究机构提供更好的互联网接入，帮助刚果和乌干达偏远地区实现快速互联网连接。它将加强对大宗商品的获取，作为回报，为欧盟以外的国家提供全面的基础设施投资伙伴关系。① 欧盟委员会宣布将在 2022 年为非洲—欧洲投资计划提供 1500 亿欧元的投资，这大约是全球门户计划动员金额的 50%。该计划的投资对非洲一些最难实现绿色和数字化转型的地区能够起到很大帮助作用。

---

① European Investment Bank. A Gateway Partnership [EB/OL]. (2023-06-02). https://www.eib.org/en/stories/ global-gateway-investment-developing-countries-climate-change.

四、网络安全与数字转型结合

欧盟数字安全部门专注于通过整合最先进的安全解决方案或流程来提高当前数字技术、服务和基础设施的安全性，并支持在欧洲创建领先的技术市场和激励机制。当前在欧盟的物联网、5G、云等关键数字技术中，安全也作为一种功能需求。《数字十年网络安全战略》强调"必须利用激励、义务和基准，将网络安全纳入所有这些数字投资，特别是人工智能、加密和量子计算等关键技术"[①]，欧盟将网络安全集成到这些应用领域中，与欧盟数字化转型相结合，通过战略规划和加大投资刺激网络安全行业的增长。

2021 年至 2024 年欧盟在这段时期内发布了《塑造欧洲的数字未来》《欧洲新工业战略》《欧洲数据战略》《人工智能白皮书》和《2030 数字罗盘：欧洲数字十年之路》等一系列文件，对欧盟数字化转型进行总体规划，旨在加强其数字主权。欧盟还积极提出并通过多个重要立法，如陆续颁布了《数据法》（Data Act），《数字服务法》以及《网络团结法案》等具体数据治理政策法规，意图遏制网络平台的恶意竞争行为，规范数字市场秩序，为欧盟实现数字化转型奠定基础，为欧洲公民提供更安全的网络空间，促进对消费者的保护，同时维护欧洲企业的创新潜力。

欧盟于 2021 年 9 月提出了"数字十年之路"（Path to the Digital

---

① European Commission. The EU's Cybersecurity Strategy for the Digital Decade, Brussels: European Commission, 2020, p.5.

Decade），概述了促进数字技能、数字基础设施、企业数字化和公共服务领域创新和投资的具体步骤，为欧盟实现数字化转型指明了前进方向，指导欧盟成员国的数字活动。数字十年的目标是四个领域的可衡量目标：联通性、数字技能、数字商业和数字公共服务，具体包括拥有数字技能的人口和高技能的数字专业人员，安全和可持续的数字基础设施，企业数字化转型，公共服务数字化。欧盟成员国的数字行动以数字十年的目标为指导，计划中的多国项目使成员国能够集中投资并启动大型跨境项目。"数字十年"政策方案使欧盟和成员国能够共同努力，实现"数字十年"的目标，同时也制定了一个机制，监测实现 2030 年目标的进展，即欧盟委员会每年都会发表一份报告，评估所取得的进展。

2022 年 12 月，《欧洲数字权利和原则宣言》（European Declaration on Digital Rights and Principles）通过确立欧盟数字化转型应遵循的原则和承诺对"数字十年之路"进行了补充，其中数字化转型原则包含了加强数字环境中的安全、保障和赋权，同时确保隐私和个人对数据的控制。欧盟已经采取了一系列重大行动推进数字十年的目标。

网络安全的成功依赖于最先进的技术、有组织和有效的结构和程序，以及受过教育、有意识和有能力的员工的结合，这些能力需要持续的投资来保持其有效性。欧盟政策制定者正在制定措施，通过加大投资等方式促使欧盟的工业和技术能力适应竞争环境。欧盟投入了大量资金来促进数字化转型及数字安全，特别是计划通过恢复和弹性基金（Recovery and Resilience Facility）、数字欧洲（DIGITAL Europe）和连接欧洲数字设施 2（Connecting

Europe Facility 2 Digital）。

数字欧洲计划（2021—2027 年）计划投资 19 亿欧元用于网络安全能力，在整个欧盟范围内为公共行政部门、企业和个人广泛部署网络安全基础设施和工具，是为创建数字生态系统的战略投资提供资金的主要计划，以确保欧盟的数字自主权和全球竞争力，弥合区域间的数字鸿沟，并资助了欧盟最外围地区的各种中心。数字欧洲计划在为欧洲数字基础设施联盟（European Digital Infrastructure Consortia, EDICs）和欧洲数字创新中心（European Digital Innovation Hubs, EDIHs）等合作活动融资方面发挥了关键作用。自 2023 年开始运营以来，EDIHs 支持中小企业、中型企业和公共部门组织的数字化转型，它现在包括 200 多个中心，分布在 90% 的欧洲地区，覆盖了 100% 的欧盟，汇集了公共和私营实体，包括研究机构、大学、行业协会、区域发展机构和私营部门公司。恢复和弹性基金（Recovery and Resilience Facility, RRF）用于投资欧盟成员国的数字化转型，共同为提高欧盟的弹性和创新潜力做出贡献，并减少欧盟的外部依赖。到 2022 年 6 月，欧盟理事会已经批准了 25 项计划，这些计划的拨款总额为 4900 亿欧元（其中赠款 3250 亿欧元，贷款 1650 亿欧元）。①

数字安全研究对于构建创新解决方案至关重要，这些解决方案可以保护欧盟免受最新、最先进的网络威胁，因此网络安全是"地平线 2020"及"地平线欧洲"（Horizon Europe）的重要组成部

---

① European Commission. Digital Economy and Society Index 2022, Brussels: European Commission, 2022, p.9.

分。在地平线欧洲 2021—2027 年计划中，网络安全是"社会公民安全"集群的一部分。欧洲地平线计划预计将在 2021—2027 年将其 950 亿欧元预算中的 35% 用于数字化转型。2022 年 12 月 6 日，欧盟委员会通过了《2023—2024 年地平线欧洲工作方案》，投资预算 135 亿欧元，其中 33.6% 的资金用于支持欧盟的数字化转型，包括核心数字化技术研发、生活场景数字化转型等。[①]"欧洲地平线"促进了欧盟在支持"数字十年"愿景和目标领域中的领导作用，通过"数字、工业和空间"集群，它支持人工智能和机器人、下一代互联网、微电子、物联网和云计算、高性能计算和数据分析、6G、扩展现实、量子和其他新兴技术等智能技术的研究和高端创新，以及一些欧洲合作伙伴关系。

安全实体和数字基础设施紧密相连。因此，欧盟委员会还将网络安全投资作为其 2014—2020 年基础设施投资融资计划"连接欧洲基金"（Connecting Europe Facility, CEF）的一部分。2022 年 2 月 15 日，欧盟委员会提出了欧盟安全连接计划（EU secure connectivity programme），并于 2022 年 11 月 17 日达成了临时政治协议。该计划旨在开发和部署欧盟拥有的多轨道卫星系统，以提供不间断的全球安全卫星通信服务——主要用于欧盟和成员国当局，也用于商业目的。基础设施将由地面部分和空间部分组成，其中可能包括在 2025 年至 2027 年之间建造和发射多达 170 颗低轨道卫星。虽然基础设施将归欧盟所有，但将建立一个公私合作

---

① European Commission. Horizon Europe Work Programme 2023-2025, Brussels: European Commission, 2024, p.5.

伙伴关系来建设和运营基础设施。计划确定了通过开发和运营多轨道连接基础设施，提高欧盟和成员国通信服务的弹性、安全性和自主性；促进网络弹性和运营网络安全；改进欧盟空间计划的其他能力和服务；鼓励创新技术的应用；确保整个欧盟的高速宽带和无缝连接，消除通信盲区等主要具体目标。[①] 该计划旨在确保全球访问安全的政府卫星通信服务，以保护关键基础设施，监视外部行动和进行危机管理，以及使私营部门能够提供商业服务，例如在整个欧盟（EU）提供高速宽带和无缝连接，这是拟议的 2030 年数字十年的目标之一。

---

① The European Parliament and of the Council, Regulation (EU) 2023/588 establishing the European Union's secure connectivity programme for the 2023-2027 period, Brussels: European Union, 2023, pp.15-16.

第四章　欧盟网络安全治理体系

　　欧盟网络安全治理体系包含了组织架构、制度法规和关键治理领域三个主要方面。欧盟设立了一系列网络安全相关机构，共同建设和加强网络安全，完善网络安全治理。随着欧盟对网络安全治理的重视和投入，打击网络犯罪、关键基础设施保护、网络防御、网络外交等几个关键领域已经发展起来。欧盟完善了网络安全法律体系，为网络安全监管、网络和信息系统安全、数据保护和人工智能等方面设立了欧洲标准，并通过规范扩散加大欧盟在网络安全领域的影响力。在欧盟网络安全治理体系下，欧盟网络安全机构之间进行监管、协调和合作，共同推动网络安全能力建设。

第一节　欧盟网络安全治理机构

　　在官方层面，欧盟网络安全治理主要通过超国家机构和成员国机构的合作来实现。超国家层面、成员国层面和社会层面的不同行为体被主动或被动地纳入治理过程，官方机构、企业与行业协会等社会维度形成了独特的公私伙伴关系。

一、欧盟层面的机构

欧盟建立了多个机构致力于打击网络犯罪、建设其整体层面的网络安全能力以及协调成员国之间或对外的网络安全合作。欧盟层面的网络安全战略治理机构和决策主要包括欧盟理事会、欧盟委员会、欧洲议会和欧洲对外行动处（EEAS）。欧盟网络安全的职能机构又分为多个部门。在网络和信息安全领域，欧盟的主要参与者包括欧盟委员会、欧洲网络与信息安全局和欧盟计算机应急响应小组（CERT-EU）。在执法方面，欧盟的主要机构包括欧洲网络犯罪中心（EC3）、欧洲刑警组织（EUROPOL）、欧盟执法培训机构（CEPOL）和欧洲刑事司法合作组织（EUROJUST）。在防务领域，欧盟的主要参与者包括欧洲对外行动署（EEAS）和欧洲防务局（EDA）。这些机构协调成员国网络安全体系的建立和运行，加强欧盟与成员国在网络安全领域的信息共享和战略协作。

欧盟委员会在欧盟互联网治理体系中扮演着重要的角色，负责制定欧盟的总体战略，提出新的欧盟法律和政策，监督其实施并管理欧盟预算，在支持国际发展和提供援助方面也发挥着重要作用。欧盟委员会下属的连接总局（DG Connect）和移民和内政总局（The Directorate-General for Migration and Home Affairs, DG Home）分别领导制定与网络和信息安全（NIS）和网络犯罪有关的政策、法规和行动计划。欧盟理事会是负责制定和协调与网络安全相关的立法和政策的机构，欧洲议会是监督、咨询和立法机构，在有关相关法规和指令的政策过程中发挥关键作用。

欧洲对外行动署（EEAS）的任务是管理和处理欧盟的外交关系，共同外交与安全政策（CFSP）和共同安全与防务政策（CSDP）都在其职权范围内。欧盟对外行动署在网络外交、战略沟通和网络防御相关领域发挥着至关重要的作用，负责实施网络安全工具箱，建立外部国际合作框架和机制，处理涉及国家活动和多国或多边组织的网络防御。它还拥有欧盟情报分析中心和军事参谋部情报局，从而将处理网络问题的情报和分析中心以及民用和军事态势感知纳入同一屋檐下，在对外商定和规划欧盟网络安全政策方面扮演中央协调节点的角色。欧洲防务局（EDA）是欧洲防务合作的中心，主要负责支持成员国与共同安全和防务政策相关的网络防御能力的发展，促进欧盟机构和私营部门的协同合作，通过改善成员国的培训、教育和演习机会来提高网络防御认识以及与有关国际伙伴进行网络防御合作。

ENISA 是欧盟在网络和信息安全领域最重要的机构，其设立是为了促进各成员国当局之间更好地进行网络和信息安全合作。这是欧洲网络和信息安全战略的一部分。ENISA 的优先事项包括关键信息基础设施保护、NIS 指令、能力建设活动（如网络安全演习）、标准化和认证、向利益相关社区提供综合威胁信息、识别和传播有关如何减轻与新技术相关的威胁的最佳实践，以及支持欧盟立法。2020 年新欧盟网络安全战略巩固了 ENISA 作为促进意识和能力建设的关键欧洲机构的作用。欧盟计算机应急响应小组

（CERT-EU）是关注欧盟机构安全的安全小组。

欧洲刑警组织（EUROPOL）负责协调欧洲执法部门对网络犯罪的反应。欧盟执法合作署（European Union Agency for Law Enforcement Cooperation）则为成员国的跨界调查提供分析支持和协调，以及通过预防和提高认识措施来打击威胁欧洲公民安全的多种形式的网络犯罪，并起到领导作用。欧盟网络犯罪中心（EC3）于 2012 年成立，2013 年 1 月 1 日正式开始活动，是欧盟打击网络犯罪的核心部门，在打击网络犯罪、推动网络犯罪领域的国际执法合作等方面发挥着不可替代的作用。

二、成员国层面的机构

欧盟各成员国的网络安全治理水平存在明显差距，这种分化格局既反映出经济基础与技术能力的客观差异，也暴露出国家制度层面的重视程度区别。从区域分布来看，网络安全治理效能的南北差异尤为显著。以德国和法国为首的西欧发达国家依托其经济优势，已形成覆盖立法、技术研发和战略协作的复合型治理框架，展现较高的网络安全水平，而保加利亚、罗马尼亚等东南欧国家由于预算约束，其网络安全治理机制仍处于相对较低的水平。

欧盟成员国的网络安全监管机构通常包括由各国指定的国家主管当局（National Competent Authorities, NCAs）和计算机安全事件响应小组（CSIRT）。计算机安全事件响应小组负责欧盟网络与信息安全局和各成员国之间的联络。每个成员国的网络安全主管当局负责监督关键行业实体（如能源、交通、金融等）的网络安全合规性，并协调跨部门合作和欧盟整体的网络安全建设与合作。大部分的欧盟成员国都设立了专门的网络安全机构（见表1），但由于每个成员国本身经济规模、技术水平和对网络安全的重视和能力建设投入的差异，仍有少数欧盟成员国的网络安全事务没有针对性的管理机构，而是归属于国防部、商业管理等部门。

表1 欧盟成员国网络安全主管当局

国家	网络安全主管当局
奥地利	国家网络安全协调中心 The National Cyber Security Coordination Center in Austria
比利时	网络安全中心 Centre for Cybersecurity Belgium
保加利亚	电子政务部 Ministry of Electronic Governance
克罗地亚	克罗地亚学术和研究网络 Croatian Academic and Research Network
塞浦路斯	数字安全局 Digital Security Authority
捷克共和国	国家网络和信息安全局 National Cyber and Information Security Agency
丹麦	商业管理局 The Danish Business Authority
爱沙尼亚	信息系统管理局 Estonian Information System Authority

（续表）

国家	网络安全主管当局
芬兰	交通通信局国家网络安全中心 Finnish Transport and Communications Agency Traficom's National Cyber Security Centre
法国	国家信息系统安全局 Agence Nationale de la Sécurité des Systèmes d'Information
德国	国家网络安全协调中心联邦信息安全局 National Coordination Centre for Cybersecurity−Federal Office for Information Security
希腊	国家网络安全管理局 National Cybersecurity Authority of Greece
冰岛	冰岛国家协调中心 Eyvör
匈牙利	政府资讯科技发展署 Governmental Agency for IT Development
爱尔兰	国家网络安全中心 National Cyber Security Centre of Ireland
意大利	国家网络安全局 Agenzia per la Cybersicurezza Nazionale
拉脱维亚	国防部 Ministry of Defence
立陶宛	国家网络安全中心 National Cyber Security Centre

（续表）

国家	网络安全主管当局
卢森堡	国家网络安全能力中心 National Cybersecurity Competence Center Luxembourg
马耳他	信息技术局 Malta Information Technology Agency
荷兰	荷兰企业局 The Netherlands Enterprise Agency
挪威	国家安全局 Norwegian National Security Authority
波兰	数字事务部国家网络安全协调中心 National Cybersecurity Coordination Centre Unit in the Ministry of Digital Affairs
葡萄牙	国家协调中心 Portuguese National Coordination Centre
罗马尼亚	国家协调中心 Centrul Naţional de Coordonare
斯洛伐克	网络安全能力及认证中心 Cyber Security Competence and Certification Centre
斯洛文尼亚	政府信息安全办公室 Office of the Government of the Republic of Slovenia for Information Security
西班牙	国家网络安全研究所 National Cybersecurity Institute
瑞典	民事应急机构 Swedish Civil Contingencies Agency

第二节　主要治理领域

欧盟网络安全治理包括打击网络犯罪、关键信息基础设施保护、网络防御和网络外交等主要领域。

一、打击网络犯罪

网络安全方面，欧盟在打击网络犯罪领域是表现最佳的。欧盟内部的网络犯罪政策受到其不断发展的内部安全战略的推动和支持，外部则受到 2001 年出台的《网络犯罪公约》的推动和支持。欧盟打击网络犯罪合作的法律框架也相对健全，各成员国网络犯罪部门之间的合作频繁且密切。

大规模减少网络犯罪的重点是在国家、区域和全球的法律层面，以及与网络犯罪有关的所有层面之间和内部的操作层面去协调。在法律层面，欧盟首先强调的是签署、批准和执行《网络犯罪公约》，以确保拥有打击网络犯罪的共同立法平台。[①]构建有效的网络安全需要建立信任，才能够共享信息和情报，以及有效地收集网络犯罪证据和起诉网络犯罪。同时，缺乏合作阻碍了对网络犯罪的共同定义，也阻碍了确保有效跨境执法的必要程序。

---

① George Christou, *Cybersecurity in the European Union: Resilience and Adaptability in Governance*, England: Macmillan, 2016, p.103.

随着网络犯罪数量的不断增长，犯罪活动也变得越来越复杂和国际化，有组织犯罪集团越来越多地参与网络犯罪，欧盟委员会于 2007 年发布了名为"制定打击网络犯罪的总体政策"的通信文件。该文件对网络犯罪进行了定义，即"利用电子通信网络和信息系统或针对此类网络和系统实施的犯罪行为"，并将实践中的网络犯罪活动主要分成了三类：一是通过电子通信网络和信息实施欺诈或伪造等传统形式的犯罪活动；二是在电子媒体上发布非法内容；三是电子通信网络特有的犯罪，如对信息系统的攻击、拒绝服务和黑客攻击等。这为欧盟推动制定解决网络犯罪的政策措施奠定了重要基础。该文件还强调鉴于网络犯罪的巨大威胁，迫切需要在欧洲和国际层面采取行动来打击各种形式的网络犯罪，倡议发展一项具体的欧盟政策，包括加强行动执法合作，加强会员国之间的政治合作和协调，与第三国的政治和法律合作，提高对网络犯罪的认识和研究，加强与工业界的对话，并可能采取立法行动等，以改善欧洲和国际层面在打击网络犯罪方面的协调。

2010 年的斯德哥尔摩计划列出了欧盟发展司法、自由和安全领域的优先事项（2010—2014），强调欧盟成员国应该尽快批准欧洲委员会《网络犯罪公约》，并将其视为在全球层面打击网络犯罪的核心法律框架。它还强调了欧洲执法机构欧洲刑警组织（EUROPOL）的核心作用。这是一个可以提供数据并识别罪犯和违法行为的平台，通过与国家警报平台的沟通和合作，欧盟成员国之间可以交流好的做法。[①] 2011 年首份欧盟内部安全战略实施

---

① George Christou, *Cybersecurity in the European Union: Resilience and Adaptability in Governance*, England: Macmillan, 2016, p.88.

情况年度报告中，打击有组织犯罪和打击网络犯罪被确定为接下来几年要解决的两大挑战。

2012年，打击网络犯罪仍然是欧盟的首要政治任务，也是欧盟针对有组织和严重国际犯罪的政策周期的八个优先事项之一。在此背景下，欧盟加强了关于网络犯罪的立法，包括通过了《打击在线儿童性剥削和儿童色情制品的指令》和《关于对信息系统攻击的框架决定》，并成立了欧洲网络犯罪中心。该中心被视为打击网络犯罪的中心节点，通过汇集专业知识和信息，支持刑事调查，促进欧盟范围内的解决方案，并致力于提高整个欧盟对网络犯罪问题的认识。同时，欧盟已经认识到网络犯罪威胁具有全球性，也寻求与国际合作伙伴接触。2015年欧洲安全议程强调了针对网络安全问题欧洲层面需要做出有效回应，而打击网络犯罪在欧洲安全议程中也得到了重视，议程中将网络犯罪与恐怖主义和有组织犯罪一起列为具有强大跨境维度的相互关联领域，并将网络安全确定为打击网络犯罪的第一道防线。[①] 打击网络犯罪和网络安全也是欧盟罗马方案（2015—2019年）的优先事项。

二、网络防御

随着欧盟在网络安全领域的发展和成熟，其治理方式从被动的政策转向了更具预防性和前瞻性的方法，网络防御就是其中一个重要领域。欧盟在网络防御中的作用在很大程度上仅限于咨询

---

① European Commission, The European Agenda on Security, Strasbourg: European Commission, 2015, pp.2, 19.

职能，将防御的操作和战略现实留给成员国。2010 年，欧盟第一次将网络防御能力作为一个关键的国家安全发展领域列在当年的能力发展计划中。早期欧盟对网络防御的关注强调了危机应对协调机制的衔接（以及欧盟应该发挥的作用）和国家网络能力的培养两个主要方面。欧洲防务局（EDA）和欧盟委员会等欧盟组织开展了一系列项目，支持成员国在网络防御方面的能力发展，并鼓励在该领域进行更大的合作，旨在加强欧盟协调成员国防御努力的能力。欧盟军事人员将网络专业知识引入共同安全与防务政策（CSDP）军事行动和任务中的军事战略规划。

2013 年 6 月，欧盟发布《欧盟网络安全战略》，首次提出在网络安全方向中增加"网络防御"维度，鼓励成员国采用全面的路线图来发展防御能力，将网络响应过滤到成员国的危机响应基础设施中，创造和维持强大的教育机会，并创建加强与私营和非欧盟网络安全利益相关者联系的协同举措之后，欧盟不断调整自身网络防御政策，以积极应对复杂严峻、不断变化的网络安全形势和国际形势。2014 年，欧盟发布首版《网络防御政策框架》，该框架包括支持成员国在共同安全与防务政策下发展国家网络防御能力，加强对欧盟实体使用的共同安全与防务政策下通信网络的保护，促进合作，改善培训、教育和演习等措施，还制定了每 6 个月审查一次的计划。① 2018 年，欧盟对该政策框架进行了修订，在优化 2014 年提出的 5 项优先事项的基础上新增了"研究和技术"事项，强调了发展网络防御能力的科研维度和发展网络防御相关

---

① Council of the European Union. EU Cyber Defence Policy Framework, Brussels: Council of the European Union, 2014, pp.2-4.

技术的重要性。[①]

欧盟理事会主席提议，对于国家支持的强制性网络行动，欧盟应采取点名批评、外交和经济制裁，以及积极的执法行动。[②] 2019 年 5 月，欧盟理事会建立了一个框架，允许欧盟实施有针对性的制裁，以阻止和应对对欧盟或其成员国构成外部威胁的网络攻击，该框架允许欧盟首次对网络攻击或网络攻击未遂负责的个人或实体实施制裁，包括为此类攻击提供财政、技术或物质支持或以其他方式参与的个人或实体，也可对与其有关联的其他个人或实体实施制裁。限制性措施包括禁止人员前往欧盟、冻结个人和实体的资产等。2020 年 7 月 30 日，欧盟首次实施了针对网络攻击的制裁。

网络防御是 2020 年 12 月通过的新欧盟网络安全战略的必要事项。俄乌冲突的爆发激化了本就严峻的地缘政治局势，冲突引发的混合威胁暴露了欧盟跨境数字基础设施的脆弱性，使得欧盟面临的网络安全威胁显著升级。为了更好地保护、检测和防御来自外部的网络攻击，加强各成员国网络防御方面的合作，欧盟在 2022 年 11 月提出了新的网络防御政策。政策内容包括构建集体行动机制，强化成员国之间和跨部门的协作和信息共享，完善共同安全与防务政策的实操框架；着重于国防生态系统的保护和建设，

---

① 赵慧：《欧盟网络防御政策研究》，《信息安全研究》2024 年第 1 期，第 95 页。

② Council of the European Union, Developing a Joint EU Diplomatic Response against Coercive Cyber Operations, Brussels: Council of the European Union, 2016, pp.9-11.

推进军民领域网络安全标准统一和认证框架；聚焦资源整合与技术自主，依托、利用欧盟层面现有的合作平台和机制，通过专业人才梯队建设与关键技术攻关，降低数字供应链关键环节的外部依赖，加强网络防御能力领域的投入和建设；最后需拓展国际合作维度，在既有安全对话机制基础上构建多边网络防御联盟，特别是深化战略协同，形成更多元的合作关系。[①] 2022 年底，欧盟又发布了《欧盟网络防御政策》联合公报，强调了联合发展网络防御的必要性，提出从加强机构和机制建设、提高态势感知水平、加大投资和研发力度、加强技术主权等多个层面推动成员国的网络防御发展和合作。

三、网络外交

网络及其技术的发展为欧盟对外政策提供了重要机遇，但也为欧盟的对外行动带来了不断变化的挑战。网络安全是外交的一部分，大部分网络犯罪和网络攻击等都是跨境进行的，网络空间的公共性决定了网络安全需要合作。网络外交可以被描述为网络空间外交或利用网络资源来倡议和履行外交方面的职能，以促进国家网络安全战略中定义的国家利益，涉及网络问题的国际方面。[②] 网络外交的关键议题包括网络安全、建立信任、互联网自由

[①] 萧德璋：《2022 年度欧美日的网络安全政策调整综述》，《中国信息安全》2023 年第 1 期，第 83—84 页。

[②] André Barrinha, Thomas Renard, "Cyber-diplomacy: the making of an international society in the digital age", *Global Affairs*, Vol 3, No.4-5, 2017: pp.353-364.

和互联网治理等。

（一）确立网络外交政策共同立场

欧盟在外交政策上授权和能力有限，外交主要还是属于成员国的权力范畴。但欧盟关注到部分国家和非国家行为体通过恶意网络活动实现其目标的能力和意愿都日益增强，欧盟表示这些根据国际法可能构成不法行为的活动可能面临欧盟的联合回应。

2015年欧盟首次正式使用"网络外交"一词，成员国一致认为，必须以连贯的方式解决与网络安全有关的广泛问题，欧盟在网络外交方面采取共同和全面的做法可有助于预防冲突、减轻网络安全威胁和促进国际关系的稳定。预计这种国际网络政策将促进欧盟的政治、经济和战略利益，并继续与主要国际伙伴和组织以及民间社会和私营部门进行国际双边和多边讨论。2015年2月，欧盟理事会通过有关网络外交的决议，强调欧盟将在全球层面推行网络外交以解决其网络安全问题，欧盟各国政府正式认可了在重大网络外交政策问题上的共同立场。[①] 2015年2月，欧盟理事会通过了《关于网络外交的理事会结论》，承认与主要合作伙伴的接触是促进欧盟政治、经济和战略利益的一种方式。该文件还阐述了欧盟网络外交的五个主要领域：促进和保护网络空间人权、国际安全领域的行为准则和现行国际法的适用、互联网治理、增强竞争力和繁荣、安全能力建设和发展。

---

① Council of the European Union, Council Conclusions on Cyber Diplomacy, Brussels: Council of the European Union, 2015, p.4.

随着网络空间成为国际关系的优先领域，也为了保护欧盟及其成员国免受网络威胁和恶意网络活动的侵害，网络外交已成为欧盟外交政策工具箱中不可或缺的一部分。欧盟与网络外交有关的活动主要涉及共同外交与安全政策（CFSP）及其组成部分的共同安全与防务政策，但与内部市场有关的网络安全问题的国际代表性以及建立开放、自由、稳定和安全的网络空间也属于欧盟网络外交的一部分。

欧盟一直宣称自己是规范性权力的代表。[①] 积极参与全球网络治理的规范制定、推动和发展，推动网络外交，一方面，是为了增强欧盟的网络安全，推广欧盟的价值观，使其符合欧盟的权益；另一方面，欧盟通过国际网络治理规范增强欧盟的规范性权力。欧盟网络外交旨在促进采用新的"规范国家和非国家行为者在网络空间的行为规范"[②]。欧盟的网络外交还包括在欧盟层面实施成员国网络安全相关政策（其中也包括欧盟拥有专属权限的领域），以及协调和巩固这些政策，以提高其在全球范围内的有效性。[③]

---

① Richard G. Whitman, *Normative Power Europe: Empirical and Theoretical Perspectives*, Basingstoke, Hampshire: Palgrave MacMillan, 2011, p.10.

② Frank Lavadoux, Olivia Brown, Mathias Delmeire, et al., "EU Cyber Diplomacy 101", European Institute of Public Administration, 1 July 2021. https://www.eipa. eu/eu-cyber-diplomacy-101/.

③ Agnes Kasper, Anna-Maria Osula, Anna Molnár, "EU cybersecurity and cyber diplomacy", *IDP*, Vol 34, 2021: p.10.

（二）网络外交工具箱

欧盟建立了独特的网络外交工具箱和框架，这是一个由数字发展和网络安全相关政策组成的复杂网络。

在"Wannacry"事件发生一个月后，为了应对国家和非国家行为者开展恶意网络活动，2017年欧盟理事会通过了《欧盟共同应对恶意网络活动外交框架理事会结论草案》，即"网络外交工具箱"。网络外交工具箱是欧盟在共同外交与安全政策的基础上建立的，包括五类措施框架，即预防措施、合作措施、稳定性措施、限制性措施、对成员国合法回应的可能支持。通过这一倡议，欧盟成员国同意欧盟将对与网络犯罪团伙有关联的个人采取限制性措施，甚至对通过为他们提供庇护或出于政治目的雇用他们来促进此类恶意活动的国家采取限制性措施。这是针对不断增多的恶意网络活动的联合外交回应，包括外交合作与对话、针对网络攻击的预防措施以及制裁，其目的是为欧盟的联合外交行动建立一个框架，以促进合作、促进降低风险和影响潜在攻击者的行为，同时实施共同外交与安全政策框架下的措施，如限制性手段（即制裁）。欧盟表示对恶意网络活动的联合反应将与网络活动的范围、规模、持续时间、强度、复杂性和影响成正比。这个工具箱通过概述具体后果，希望对可能的网络攻击者的行为产生影响，起到威慑作用。

为了推动欧盟网络外交工具箱的落实，欧盟又在2017年10月通过了《联合外交行动指导指南》。欧盟联合外交应对框架是欧盟网络外交方针的一部分，有助于预防冲突、缓解网络安全威胁，促进国际关系稳定，该框架将鼓励网络安全方面的国际合作，减轻威胁，并长期影响潜在侵略者的行为。2020 年 12 月的欧盟网络安全战略提出进一步将网络外交工具箱纳入欧盟危机机制，寻求与应对混合威胁、虚假信息和外国干涉的努力的协同作用，加强了欧盟对网络攻击的外交回应。

第三节　欧盟网络安全治理法规

自欧盟认识到网络安全的重要性以来，特别是出台了全面的网络安全战略之后，欧盟网络安全方面的立法发展迅速。在 2016 年出台了《网络和信息系统安全指令》（NIS）和 2017 年更新的《网络安全战略》以及 2020 年《数字十年网络安全战略》的基础上，欧盟又陆续通过了《欧盟网络复原力法案》《通用数据保护条例》《人工智能法》《数字服务法》《数字市场法》《数据治理法》和《欧洲芯片法案》等与网络安全相关的法律法规。网络安全在欧盟法律文书中开始占据突出地位，它被视为一种明确的义务或建立信任的要求，特别是产品安全立法中越来越多的强制性网络安全要求。[①] 欧盟法律框架旨在预防和解决网络安全漏洞和事件，增强网络防御能力和跨境合作，同时加强欧盟内部关键经济部门

---

① Pier Giorgio Chiara, "The IoT and the new EU cybersecurity regulatory landscape", *International Review of Law, Computers & Technology*, Vol 36, No.2, 2022: p.131.

的安全，提高欧盟在国际网络安全领域的领导力和竞争力。

一、系统安全方面

为了加强网络和信息系统的安全性和可靠性，创造一个连贯和协调的网络空间，欧盟于 2016 年通过了针对信息系统安全的第一批通用规则——《网络和信息系统安全指令》（简称 NIS 指令），又在 2022 年通过了《网络和信息安全指令》的更新和修订版本（简称 NIS2）。

（一）《网络和信息系统安全指令》

网络安全涉及保护网络和信息系统、其用户和其他受影响的个人免受网络事件和威胁的影响。网络和信息系统及其服务在社会中发挥着巨大的作用，特别是互联网，在促进货物、服务和人员的跨境流动方面发挥着至关重要的作用。它们的可靠性和安全性对经济和社会活动，对欧盟内部市场的运作至关重要。由于互联网的跨国性质，这些系统的严重破坏，无论是有意的还是无意的，也无论发生在何处，都可能影响到个别成员国和整个欧盟。因此，网络和信息系统的安全对于欧盟内部市场的顺利运作极其重要。成员国对基本服务运营商和数字服务提供商缺乏共同要求，这导致了整个欧盟网络安全策略的分散以及不同成员国对消费者和企业的保护水平不平衡。为了实现欧盟内部网络和信息系统的高共同安全水平，解决社会重要部门可能存在的风险，欧盟出台了《网络和信息系统安全指令》。

NIS 指令中要求成员国必须确定七个关键基础设施部门（能

源、卫生、交通、银行、金融市场基础设施、数字基础设施和饮用水供应部门）的国家基本服务运营商（OES）和三个领域（云服务、在线市场和搜索引擎）的数字服务提供商（DSP）。即在这些部门经营服务的实体。然后通过成员国具体的关键基础设施立法，确保这些基本服务运营商和数字服务提供商采取适当、相称的技术和组织措施，管理其在运营中使用的网络和信息系统的安全风险，避免大规模停电，并将任何可能危及其提供的基本服务连续性的重大事件毫不拖延地通知国家当局。指令还要求所有成员国制定和实施适当的国家网络安全战略和框架，指定国家主管部门，承担联络点和与网络和信息系统安全相关任务的义务，建立一个国家计算机应急响应小组网络（CERT-EU），为基本服务运营商和数字服务提供商制定安全和通知要求，并在与国家层面的利益相关者协调事件管理方面发挥关键作用。①

　　总体来说，NIS 指令就是通过关注国家能力、跨境合作和国家对关键部门的监督来加强欧盟成员国和整个欧盟层面的网络安全，从而实现欧盟网络和信息系统的高水平的共同安全措施。NIS 指令是欧盟范围内的第一部网络安全立法，也是欧盟应对经济和社会生活数字化带来的日益增长的网络威胁和挑战的基石，为提高欧盟整体网络安全水平提供了法律措施。NIS 指令不仅受到欧盟成员国的遵守，而且也受到该地区其他旨在加入欧盟的国家的遵守。

---

　　① The European Parliament and of the Council, Directive (EU) 2016/1148 of the European Parliament and of the Council of 6 July 2016 Concerning Measures for a High Common Level of Security of Network and Information Systems across the Union, Brussels: European Union, 2016, pp.16-23.

但 NIS 指令的框架容易导致欧盟面临不同成员国关键机构安全要求水平不同的风险。对于网络风险，各国安全水平的协调是很重要的，因为攻击可能从网络安全弹性较低的国家跨越而来。最重要的是，在多个欧洲国家运营的金融机构将面临各种不同的国家立法和管理的挑战。

（二）《网络和信息系统安全指令2》

随着近年来欧盟数字化程度和互联率的提高，数字威胁的数量和复杂性不断增加，NIS 指令覆盖的范围逐渐不足，其中要求欧盟成员国必须将该指令转化为其国内法，事实上大多数成员国都没有在规定日期之前完成这一要求。[①] 成员国在 NIS 指令实施方面存在很大分歧，包括其范围，其界定在很大程度上由成员国自行决定，成员国在规定安全和事件报告义务方面也拥有自由裁量权，导致了指令在国家一级的执行方式大不相同。基于此种情况，欧盟在 2022 年通过了 NIS 指令的更新和修订版本——NIS2 指令。NIS2 指令建立了一个统一的法律框架，通过更广泛的范围、更清晰的规则和更强有力的监管工具，进一步发展整个欧盟在网络安全方面的共同目标水平。

NIS2 的立法范围不仅包括为欧盟提供关键服务的所有数字化部门，还适用于包括公共的和私人的"必要""重要"实体，其中制造业也被列入了重要实体当中。成员国还必须建立并定期更新

---

① 　Perter Teffer, "EU countries miss cybersecurity deadline", 30 July 2018, https://euobserver.com/digital/142493.

基本服务运营商的清单，确保这些实体符合指令的要求。修订后的指令（NIS2）旨在加强指令范围内各部门（能源、交通、银行、金融市场基础设施、饮用水、医疗保健和数字基础设施）现有的网络安全风险管理措施和报告义务，同时向更多部门的实体引入风险管理措施和报告要求，对重点强调供应链安全的实体提出更强、更详细的网络安全风险管理要求。指令还要求成员国制定网络安全战略，制定合作、信息共享、监督和执行网络安全措施的规则，规定成员国应制定网络安全信息共享的义务，加强其网络安全能力，并与欧盟合作进行跨境反应和执法。

（三）《网络安全法》

2019 年的《网络安全法》主要分为两个部分。第一部分是：对欧盟网络安全机构进行了全面改革，进行了永久授权，并赋予了欧盟网络安全机构更具体的防御、发展和标准化任务。目的是捍卫欧盟的数字生态系统，并使 ENISA 在这一过程中能够发挥更大的作用。第二部分是：建立欧洲网络安全认证的法律框架，内容主要涵盖了欧盟 ICT 产品和网络安全服务，目的是通过欧洲网络安全认证计划增加对已通过该计划认证的 ICT 产品、服务和流程的信任，避免增加重叠的国家网络安全认证计划及其任务的冲突，解决内部市场存在的碎片化问题，从而降低企业在数字单一市场中运营的成本。而根据法案的第一部分，ENISA 将在认证过程中发挥决定性作用。《网络安全法》规定了网络安全认证的最低内容和目标，法规提供的清单中列出了安全认证计划必须包含的必要要素，例如认证的范围和对象，包括所涵盖的 ICT 产品、服务和流程的类别，选择的标准或技术规范。

欧洲网络安全认证计划的前提是基于欧盟认为缺乏可互操作的技术标准、解决方案、实践和欧盟范围内的认证机制是影响了欧盟网络安全领域单一市场的发展并与其他市场存在差距的原因，这使得欧洲企业难以在国内、欧盟和全球层面竞争。[①] 该计划的目的应是确保在此类计划下认证的 ICT 产品、服务和流程符合特定要求，旨在保护存储、传输或处理数据，或保护由这些产品、服务和流程提供的或通过这些产品、服务和流程提供的或可访问的相关功能或服务的可用性、真实性、完整性和机密性，从而促进欧盟数字单一市场的发展，增强欧盟数字和网络安全产业的竞争力。

二、数据保护方面

大力发展数字经济已成为许多国家和地区的发展战略，数字技术改善了跨越国界的数据流动，网络空间的数据流量急剧增加，与过去相比，人们现在更容易分享他们的数据。随着数字公司扩展到东道国以外，在全球范围内运营服务，政府和监管机构对保护数字平台收集和传输的数据的安全性提出了担忧。出于网络空间安全和保护数据主权的目的，世界各国纷纷制定法律，限制特定数据的境外存储和跨境传输，欧盟数据治理的方向也从数据保护转向了数字主权。欧盟通过《通用数据保护条例》《数据法》《数据治理法》《人工智能法》等全面的监管框架，积极维护欧洲用户

[①]　Scott N. Romaniuk, Mary Manjikian, eds., *Routledge Companion to Global Cyber-Security Strategy*, London and New York: Routledge, 2021: p.202.

的数据权利，促进数字自治。

2016 年欧洲议会通过了《通用数据保护条例》（以下简称GDPR），取代了之前的《数据保护指令》。GDPR 旨在规范整个欧洲单一市场的数据保护法，同时让个体对其个人信息的使用方式有更大的控制权，改善欧洲公民的数据安全。该条例共有 11 章，涉及一般条款、原则、数据主体的权利、数据控制者或处理者的义务、向第三国转移个人数据、监管机构、成员国之间的合作、补救措施、侵犯权利的责任或处罚、与特定处理情况有关的条款，以及其他最终条款。

GDPR 详细定义了数据处理相关的法律术语。个人资料是指与可直接或间接识别的个人有关的资料；数据处理指对数据执行的任何操作，无论是自动的还是手动的；数据主体是被处理数据的人；数据控制者是决定个人数据处理的原因和方式的人或组织；数据处理者指代表数据控制者处理个人数据的第三方。[①] 该条例第 5 条规定了与处理个人数据的合法性有关的六项原则：合法、公平和透明；必须在收集数据时为数据主体明确指定的合法目的处理数据；只收集和处理绝对必要的数据，以达到指定的目的；保持个人资料准确性；只能将个人识别资料储存至指定目的所需的时间；数据处理必须以确保适当的安全性、完整性和机密性的方式进行（如通

---

① The European Parliament and of the Council, Regulation (EU) 2016/67 on the protection of natural persons with regard to the processing of personal data and on the free movement of such data, and repealing Directive 95/46/EC (General Data Protection Regulation), Brussels: The European Parliament and of the Council, 2016, pp.33-35.

过使用加密）。数据控制者必须能够证明他们符合条例的原则和规定，否则会被问责。[①]

GDPR 还提出了国家级认证、区域级认证以及欧盟通用级认证三种不同级别的数据认证类型，对欧盟数据流通进行了分级管理。国家认证计划仅限于单个欧盟 / 欧洲经济区国家，欧洲数据保护印章需得到所有欧盟和欧洲经济区司法管辖区的认可，认证义务包括技术和组织措施的充分性、数据保护的设计和默认、国际数据传输等。

GDPR 条例将适用对象规定为在欧盟境内运营和向欧盟境内销售商品、提供服务的所有控制或处理（包括数据收集、检索、更改、存储和销毁）个人数据的组织和企业，并不适用于为国家安全活动或欧盟执法而处理的个人数据。意味着即使位于欧盟境外，只要企业或运营组织针对或收集与欧盟个人有关的数据，就受到 GDPR 的规制。违反隐私和安全标准的企业将被处以高额罚款，罚金最高可达数千万欧元。这使得 GDPR 成为欧盟最广泛、最严格的数据安全法规，且作为欧盟法规而不是指令，它具有直接的法律效力，不需要转化为成员国法律。

2022 年 5 月，欧盟理事会通过了《数据治理法》（Data Governance Act, DGA）。《数据治理法》是"欧洲数据战略"的关键支柱，规

---

① The European Parliament and of the Council, Regulation (EU) 2016/67 on the protection of natural persons with regard to the processing of personal data and on the free movement of such data, and repealing Directive 95/46/EC (General Data Protection Regulation), Brussels: The European Parliament and of the Council, 2016, pp.35-36.

范了促进自愿数据共享的流程和结构，其目标是创建一个单一的欧洲数据市场，在这个市场上，个人数据和非个人数据（包括敏感的商业数据）都是安全的，企业也可以轻松访问几乎无限量的高质量工业数据，从而促进增长和创造价值。2024 年 1 月，《数据法》正式生效，《数据法》与已发布的《数据治理法》相互补充，通过一系列措施打破政府、私营部门、数据服务商、个人用户等的数据共享使用壁垒，包括数据跨境共享，同时，也明确了国家间政府跨境访问和传输要求，旨在限制欧盟外第三国强制调取数据，强调欧盟的数据管辖权。[①] 这两项法案将共同促进可靠和安全的数据获取，促进其在关键经济部门和公共利益领域的使用，有助于建立欧盟单一数据市场，也进一步加强了欧盟对数据控制权的保障，确保了欧盟的数据主权。

三、其他治理方面

（一）《人工智能法》

人工智能正在融入生活的大多数方面，其进步正在深刻地改变我们的经济和社会，产生新的效率并增强人类的能力。企业和政府已经意识到人工智能的潜力，对人工智能的投资增加了许多倍，政府对人工智能的关注也持续增加。这些好处伴随着风险和危害，包括人工智能应用数据收集和培训方式带来的偏见、对妇

---

① 姜松浩：《欧美数据跨境治理的特点及启示》，《中国信息安全》2024 年第 3 期，第 69 页。

女和弱势群体（移民、儿童、残疾人）的潜在歧视、人工智能取代某些人类操作对失业率的影响和责任问题。生成式人工智能正在加深这些风险，包括虚假信息、侵犯数据隐私、监控和侵犯版权。《人工智能的恶意使用》的报告指出传统网络威胁与人工智能（AI）和机器学习的共同演变，将引入进一步的不稳定趋势，并改变公民、组织、企业和国家的安全风险格局。[①]

欧盟于 2021 年 4 月推出《人工智能法》提案，该法案构成了对人工智能监管的全面和横向方法，是全球首部人工智能监管立法，根据潜在风险水平规范人工智能具体用途。该法案标志着欧盟向立法严格监管人工智能技术的应用迈出关键一步。当前，人工智能快速发展并可能在未来经济和社会中占据核心地位，欧盟的《人工智能法》不仅将对欧盟范围内的人工智能的设计和应用产生重大影响，也会在一定程度上影响未来国际人工智能的发展和规范。

（二）《网络弹性法案》

为网络安全合作制定标准，制定网络规范，有利于国际社会，也有利于欧盟在全球竞争中保持软实力。欧盟委员会主席冯德莱恩在 2021 年宣布了一项新的《网络弹性法案》（Cyber Resilience Act, CRA）旨在为网络安全制定共同标准，法规适用于"具有数

---

① Miles Brundage, Shahar Avin, Jack Clark, et al., The Malicious Use of Artificial Intelligence: Forecasting, Prevention, and Mitigation, Ithaca: Cornell University, 2018. https://arxiv.org/ abs/1802.07228.

字元素的产品，其预期或合理可预见的用途包括与设备或网络的
直接或间接的逻辑或物理数据连接"[1]。法规中对"带有数字元素的
产品"的定义是"任何软件或硬件产品及其远程数据处理解决方
案，包括将单独投放市场的软件或硬件组件"[2]。《网络弹性法案》
为对带有数字元素的产品制造商和零售商引入了强制性网络安全
要求，是欧盟一系列数字安全法规的一部分，以确保企业开发带
有数字组件的设备或软件时的规则标准化，产品规划、设计、开
发和维护符合网络安全要求框架，并承诺在整个产品生命周期内
提供关怀责任。

---

① The European Parliament and of the Council, Regulation (EU) 2024/2847
n horizontal cybersecurity requirements for products with digital elements and
amending Regulations (EU) No 168/2013 and (EU) No 2019/1020 and Directive
(EU) 2020/1828 (Cyber Resilience Act), Brussels: The European Parliament and
of the Council, 2024. p.28.

② The European Parliament and of the Council, Regulation (EU) 2024/2847
n horizontal cybersecurity requirements for products with digital elements and
amending Regulations (EU) No 168/2013 and (EU) No 2019/1020 and Directive
(EU) 2020/1828 (Cyber Resilience Act), Brussels: The European Parliament and
of the Council, 2024, p.29.

第五章　欧盟网络安全治理国际合作

　　网络空间的无国界和网络和信息生态系统的全球联通性质意味着单一边界内的安全是没有意义的，除非与国际伙伴的做法保持一致，否则欧洲的安全建设努力可能最终是无效的。威胁可能来自世界各地，互联网的脆弱性以及网络、信息系统和个人之间的相互依存关系，使得任何一方都无法完全独立地评估和应对网络威胁和风险。因此，国际合作在确保网络安全方面发挥着重要作用，有助于制定连贯、协调的网络安全跨国治理方法和有效应对网络空间治理面临的多方面挑战。应对网络安全挑战不仅需要欧盟的政策措施，还需要全球协调一致的、无国界的应对措施、解决方案和政策。

　　欧盟在其 2010 年的内部安全战略中就已经强调了与全球伙伴合作、共同应对网络安全挑战的重要性。[①] 2013 年 2 月发布的欧

盟网络安全战略将加强与国际伙伴的关系列为维护网络空间安全的机制之一。欧盟多次强调鉴于网络威胁的全球性，加强网络安全国际合作，与第三国建立和维持强有力的联盟和伙伴关系，对于预防和威慑网络攻击至关重要，还表示将在双边、地区、多方利益攸关方和多边交往中优先考虑建立网络空间冲突预防和稳定战略框架。

近年来，欧盟积极参与网络安全能力建设的国际努力，通过联合国等国际组织参与国际网络安全治理原则和规范的讨论和制定。欧盟不仅寻求与经合组织、欧安组织、北约、非盟、东盟和美洲国家组织等活跃在这一领域的组织开展密切合作，还与盟国开展联合网络反恐演习和培训，与加拿大、韩国和日本等国建立数字伙伴关系，与中国、印度等国家建立了网络对话机制，也致力于通过合作帮助第三国推进网络安全能力建设。

第一节　参与国际网络安全治理

计算机和网络信息技术，改变了通信方式，将地理距离联系起来，促进了全球的交流和联系。与此同时，由于跨境互联国家之间的相互依存，增加了对超国家监管的需求，即全球治理。国际法和全球治理提供了超国家的监管，但由于缺乏全球政府或最高权威，它们在这方面取得的成功有限，网络安全治理领域也不例外。欧盟网络安全生态系统的构建嵌入、约束于不断发展的全球网络安全治理生态系统，并与之紧密相连、息息相关。欧盟参与了多个网络空间治理的多边和双边进程，致力于加强国际网络安全合作，建立预防和应对网络威胁的能力和机制，同时提高自身在国际网络安全治理中的规则制定权，并通过规范扩散的形式增强欧盟的国际影响力。

一、参与国际多边治理

欧盟参与了国际网络空间的各级治理，并将这些治理机构作为成员国相互合作以及与其他国家合作的平台。全球层面，联合国是国际网络空间治理的主要平台，欧盟国家通过参与联合国政府专家组和不限成员名额工作组，与其他国家共同审议并商定全球国家行为准则，推动联合国在国际网络空间治理中发挥作用。在地区层面，欧盟通过七国集团、北约和欧安组织等平台参与国际网络安全多边治理。

七国集团在多次峰会中讨论了网络安全相关问题，并就多项共同网络安全措施达成一致。该组织的行动包括建立一个网络犯罪联合工作组（里昂—罗马小组），以及发展一个紧急通信和支持网络，从而在有网络犯罪的电子证据和迫切需要不同国家执法机构之间合作的情况下进行有效沟通。在 1997 年 12 月 10 日于华盛顿举行的八国集团国家司法部和内政部代表会议上，通过了一项打击计算机犯罪的方案，该方案是由高科技犯罪问题小组拟定的，其中包括打击网络犯罪的十项原则以及十点行动计划。主要目标包括铲除"黑客天堂"、协调对发生在任何地方的网络犯罪的检控，以及培训执法人员并为他们配备足够的工具，以打击高科技犯罪。2016 年 5 月在日本举行的七国峰会上，网络空间安全再次成为最重要主题之一。首脑会议通过的宣言强调，安全的网络空间是促进经济增长和繁荣的主要因素之一，各方承诺进行密切合作，打击国家和非国家当事方，包括恐怖组织恶意利用网络空间。现有的国际法再次被承认适用于国家在网络空间的行动。承诺保护和促进互联网上的人权，支持互联网管理的多边方式，包括政府、私营部门实体、公民社会、技术社区和国际组织的充分和积极参与。强调了各国在旨在确保安全、稳定和繁荣的电信信息环境中的具体责任和作用。最后，承诺建立新的七国集团网络空间工作组，以促进采取协调一致的措施，确保网络空间的安全与稳定。2017 年 5 月 27 日在意大利举行的峰会指出针对全球关键基础设施的网络攻击凸显了加强国际合作的必要性，并以确保网络空间安全作为经济增长和繁荣的先决条件。

北大西洋公约组织（NATO）在 2007 年爱沙尼亚遭受严重的网络攻击之后认识到非传统安全对国家安全的重要性，之后开始制定其网络防御政策，并成立了多个机构发展网络防御能力。北约网络防御管理局（CDMA）委员会主要负责联盟内部网络防御的协调和战略决策，新兴安全挑战司负责协调北约网络防御工作的政治和战略监督，北约计算机事件响应能力技术中心是作战网络防御问题的中央技术权威机构，北约的合作网络防御卓越中心（CCDCOE）任务是发展网络防御相关的培训和教育、研究和发展、法律和政策问题等多个领域。2013 年到 2021 年，北约合作网络防御卓越中心编写了 3 个版本的《塔林手册》，包括一般国际法与网络空间、国际法特别制度与网络空间、国际和平安全与网络活动以及网络武装冲突法等多个部分，并拟议建立一个名为信息基础设施保护机构（AIIP）的国际机构，但其中关于数据主权和国家遭受网络攻击时是否应采取反制措施等问题仍在国际治理中存在较大分歧，因而并没有在国际社会达成广泛共识。

欧洲安全与合作组织（简称欧安组织）在爱沙尼亚担任政治和安全委员会主席的支持下，于2008年开始讨论网络安全问题。欧安组织成员国举行了多次高级别网络安全会议，讨论的中心主题包括提高网络安全意识，各国需要建立打击网络犯罪和恐怖主义的能力，以及在网络空间确定负责任的国家行为。欧安组织还制定了《建立信任措施》，目的是加强欧安组织成员国之间的合作，防止网络冲突。

二、塑造网络安全治理国际规范

欧盟在制定国际网络安全规范及其推广方面十分积极，试图扮演一个国际网络规范制定者的角色，因为规范性权力和影响力是欧盟的一贯追求。欧盟一直积极参与国际网络空间及其安全治理，鼓励欧盟机构和企业制定网络空间行为准则和安全标准，就是希望使国际网络空间准则与欧盟保持一致，在全球数字空间治理中占据制高点，从而塑造欧盟在网络安全治理领域的规范性力量，推行欧盟的价值观，增强欧盟的国际影响力。

（一）打击网络犯罪领域

2001年11月23日，27个欧洲国家和4个非欧洲国家（加拿大、日本、南非和美国）在匈牙利首都签署了由欧盟委员会发起的《网络犯罪公约》。《网络犯罪公约》是第一个关于通过互联网和其他计算机网络实施犯罪的国际条约，也是网络安全领域签署成员国最多的国际公约。该文件列出了更多的刑事罪行清单（包括非法访问、非法拦截、系统干扰、涉及黑客工具的行为、与计算机有关的伪造、与计算机有关的欺诈、与儿童色情制品有关的罪行以及与侵犯版权及相关权利有关的罪行）。此外，它载有关于协助和教唆承认刑事责任的规定，以及关于公司责任（也包括没有法人资格的组织的责任）的规定，还设想了若干程序上的解决办法，包括保存数据、搜查和扣押储存的计算机数据、实时收集交通数据等。

欧盟委员会与其成员国和欧洲私营部门一道，启动了全球打击网络犯罪的项目，在全球范围内推广《网络犯罪公约》。迄今为止，几乎所有欧洲委员会成员国都签署并批准了《网络犯罪公约》，欧洲以外，美国、加拿大、澳大利亚和日本等国家也签署并批准了该公约，共 76 个国家成为该公约的缔约方。[①] 南非、韩国、墨西哥和哈萨克斯坦等 20 个国家也签署了该公约或被邀请加入。《网络犯罪公约》的明显优势包括其开放性，不属于欧洲委员会的国家也可以加入，以及它包含可选条，使得该公约能够在不排除某些条款的情况下获得通过。因此，在执行《网络犯罪公约》时，签署国可以在其国内法范围内使该公约设想的解决办法与它们自身的法律文化和传统以及在其各自管辖范围内已经生效的条例相协调。

---

① Council of Europe, The Convention on Cybercrime (Budapest Convention, ETS No.185) and its Protocols. https://www.coe.int/en/web/cybercrime/the-budapest-convention.

《网络犯罪公约》的推广为部分国家制定针对网络犯罪的法律框架制定了指导方针，一定程度上推动了部分亚洲和拉丁美洲的国家进行网络犯罪相关的立法改革。《网络犯罪公约》的推出也为加强国际网络安全做出了贡献，是欧盟参与国际网络安全治理的重要成果之一，是欧盟在网络安全治理领域输出规范的有力工具。然而，欧盟与大部分西方发达国家极力倡导《网络犯罪公约》发展成为全球性的公约，是它们从自身利益出发，意图通过既有规则继续维护自身在网络空间领域的优势地位，存在显著的局限性，并不符合大多数网络后发国家的利益。[①] 广大的新兴经济体国家和发展中国家更希望通过建立广泛参与的机制来表达各国的利益诉求，保障各国在国际舞台上平等的政治地位和话语权。

除了推行《网络犯罪公约》以外，欧盟委员会在 2010 年 3 月还提出了实施打击网络犯罪协同战略的行动计划。在其提案中，欧盟委员会指出网络犯罪本质上是无国界的，打击网络威胁需要有效、充分的跨境条款，这些措施应包括加强执法行动中的相互协助。[②] 欧盟委员会认为，在欧盟范围内建立连贯和有效的合作方法的目标仍然与以往一样重要，但需要将其嵌入全球协调战略中，并将其延伸至欧盟的关键伙伴，不仅包括个别国家，还包括相关国际组织。因此，欧盟及其机构与几乎所有的国际组织建立了联系，并允许这些组织参与欧洲的立法过程，加强了在打击网络犯

---

① 徐展鹏，丁丽柏:《网络犯罪治理国际合作:发展趋势、全球协作与中国方案》，《学术论坛》2024 年第 2 期，第 125—126 页。

② Annegret Bendiek, "European Cyber Security Policy", SWP Research Paper, Berlin: Stiftung Wissenschaft und Politik (SWP), 2012, p.11.

罪领域的国际合作。

（二）引领国际规则制定

欧盟在倡导全球强有力的数据保护法规方面发挥了作用，并通过自身制定的规范影响和引领相关国际规范的制定。随着大数据时代的到来，数字交易已经无处不在，许多新兴技术的发展也是由数据驱动，数据保护在网络安全中占据重要地位。2018年5月颁布的《通用数据保护条例》是当时最全面的数据隐私法规，成为一股重塑全球数据保护和网络安全格局的变革力量。① 该条例解决了欧盟保护个人隐私和权利的关键需求，影响了企业收集、处理和管理个人数据的方式，也为相关的企业和组织引入了新的标准，几乎可以说是当前全球最全面的数据隐私法规。

同时，《通用数据保护条例》要求无论其实际位置如何，处理欧盟居民个人数据的组织都受该法规的约束，这代表该条例不仅适用于欧盟境内的企业，并且所有需要处理欧盟居民个人数据的组织都受该法规的约束。《通用数据保护条例》的出台促使欧盟以外的国家重新评估和加强自己的数据隐私法规，否则可能面临欧盟的巨额罚款，这使得全球与欧盟及其成员国有合作的企业必须将其数据保护的标准与该条例要求保持一致。治外法权的适用性使《通用数据保护条例》的影响力超越了欧盟的边界，对全球的

---

① Olukunle Oladipupo Amoo, Akoh Atadoga, et al., "GDPR's impact on cybersecurity: A review focusing on USA and European practices", *International Journal of Science and Research Archive*, Vol 11, No.1, 2024: pp.1338-1347.

企业、组织和机构都产生了影响，同时激励了其他国家和地区组织在其数据隐私保护框架中参考欧盟类似的原则，对全球组织产生了深远的影响。这使欧洲企业在驾驭复杂的国际数据传输方面处于领先地位，不仅加强了网络安全实践，而且使欧盟成为全球数据隐私领域的先驱。

2021 年 4 月，欧盟又发布了《人工智能法》的提案，对 AI 系统及其相关概念进行了定义，提出不同的风险分类及其规制路径和安全要求。目的是从法律层面减少人工智能发展带来的不良影响，应对和预防潜在的风险，并在符合欧洲价值观的基础上加强欧盟相关的技术应用创新。该提案是全球首部有关人工智能的法律提案，其约束范围也与《通用数据保护条例》一样，不仅涵盖了欧盟境内所有供应商和服务商，还囊括了所有涉及欧盟和欧盟用户的 AI 系统及其相关服务。非洲联盟的《非洲大陆人工智能战略》中明确其人工智能治理将考虑区域内和全球人工智能政策和监管的新兴最佳实践，如欧盟《人工智能法》。[①]

在数字化时代的国际博弈中，治理制度和规则中的话语权已成为国家战略竞争的核心领域，国际规则的先发优势不容忽视。作为数字治理的先行者，欧盟通过《通用数据保护条例》确立数据跨境传输规则范式，制定全球首个《人工智能法》，建立风险分级监管体系，率先完成算法治理的制度性安排，不仅强化了欧盟的技术主权，还利用先发优势塑造了数字经济领域的"欧盟标准"。

---

① African Union, Continental Artificial Intelligence Strategy: Harnessing AI for Africa's Development and Prosperity, Addis Ababa, Ethiopia: African Union, 2024, p.15.

这种制度性权力输出将能够影响全球网络技术及其安全治理体系的演进方向，极大地加强欧盟在此领域的国际影响力。

第二节 与美国的网络安全合作

美国是网络空间的超级大国，也是第一个颁布国家网络安全战略的国家。基于欧盟和美国在一系列网络安全原则和规范方面趋于一致，双方在网络外交、危机管理、能力建设、关键基础设施网络安全、人工智能等新兴技术网络安全等领域开展了深入合作。跨大西洋关系也并非一帆风顺，"美国优先"加上欧盟"战略自主"的愿景，欧盟致力于摆脱对美国的技术依赖，虽然欧盟与美国在数据主权方面存在矛盾和博弈，但整体上欧盟仍然在网络安全方面与美国保持了合作与协调。

一、多方面的网络安全合作

2010年，欧盟成员国法国、德国、匈牙利、意大利、荷兰、瑞典和英国就参加了由美国国土安全部主办的"网络风暴"军民演习，澳大利亚、加拿大、日本、新西兰等国和60家私营企业也参加了演习。2010年11月，"欧盟—美国网络安全和网络犯罪高级别工作组"成立，目的是起草合作方案，在2011年底前完成欧盟—美国网络事件联合演习，推动双边合作和帮助网络用户提高安全意识。在随后的2011年"网络大西洋"演习的框架下，来自20多个国家的专家模拟了对发电厂等关键基础设施的网络攻击，以测试不同国家之间的网络安全合作如何运作。

打击网络犯罪也在欧盟与美国的双边合作讨论议程上，欧洲刑警组织通过欧洲网络犯罪中心协助并参与了许多与美国执法部门合作的打击网络犯罪的行动。近年来，它与美国联邦调查局（FBI）以及微软和赛门铁克（Symantec）等美国私营部门合作，摧毁了一些最引人注目的僵尸网络。[①]

2017 年开始，欧美关系受到其"美国优先"影响，一度跌入低谷。美国单边主义的盛行也迫使欧盟积极构建数字主权，将其视为摆脱对美科技依赖和维护自身利益的关键。2022 年之后，美国开始修复与欧洲传统盟友的关系，其对外政策转向使得欧美关系得到缓和，双方致力于推动数字化转型，包括网络安全方面的合作也得到了加强。2021 年 6 月，欧盟和美国在布鲁塞尔举行的欧盟—美国峰会中成立了美欧贸易和技术委员会，目的是促进欧美在数字监管、数字技术标准等方面的政策协调，合作加强欧美的技术和工业领导地位。美欧贸易和技术委员会的成立及其工作扩大了欧美在人工智能、半导体等数字技术及其全球安全标准和规则制定方面的合作。[②] 2023 年 10 月，欧盟—美国峰会讨论了《欧盟—美国联合网络安全产品行动计划》，该计划建立在欧

---

① Europol, Botnet Takedowns: the Good Cooperation Part, Europol European Cybercrime Center, 24 Feb 2015. https://www.europol.europa.eu/media-press/newsroom/news/botnet-taken-down-through-international-law-enforcement-cooperation.

② 马国春：《欧盟构建数字主权的新动向及其影响》，《现代国际关系》2022 年第 6 期，第 53—54 页。

盟《网络弹性法案》框架和拟议的美国网络安全标签计划的基础上，概述了欧盟与美国相关监管机构进一步合作的步骤，目的是推进双方技术合作，以支持在物联网（IoT）硬件和软件消费产品的网络安全要求领域实现相互认可的目标。[①] 该行动计划双方还同意在欧盟—美国网络对话框架下推进在关键基础设施保护、危机管理、软件安全、后量子密码和人工智能网络安全等领域的合作。此外，欧盟还宣布将加入美国主导的全球反勒索软件倡议（Counter Ransomware Initiative）政策声明。

二、数据主权的博弈

早在 2001 年，欧盟与美国签署了"安全港协议"（European Union-United States Safe Harbour Scheme），且出于对美欧合作的信任，欧盟放缓了制定保护网络和数据安全专项法案的进程。[②] 但 2013 年的棱镜门事件引发了欧盟对自身数据安全的思考，使欧盟更加注重数字监管，欧盟出台了严格的《通用数据保护条例》。鉴于欧盟和美国之间数据流动的重要性，2016 年，欧盟与美国签订了跨大西洋个人数据跨境转移协议，即《隐私盾协议》（Privacy Shield），以实现双方之间数据转移的便利，在这一协议下美国企

---

① European Commission. The European Union and the United States of America strengthen cooperation to enhance the cybersecurity of consumer IoT products, Brussels: European Commission, 2024, p.1.

② 谢波，王志祺：《欧盟网络安全政策法律的发展演变、主要特点和经验启示》，《中国信息安全》2024 年第 3 期，第 54 页。

业可以自我认证符合 GDPR，然后将数据从欧盟转移到美国。在数字治理方面，美国提倡开放数据流，认为这样有利于数字企业发展，而欧盟《通用数据保护条例》与美国云计算安全标准（CCSS）在数据主权界定上存在根本分歧。2020 年 7 月 16 日，因为美国在个人数据监控和安全方面没有提供足够的保证，欧洲法院发现美国的数据监控法律与 GDPR 不一致，考虑到欧盟数据出境到美国后缺乏实际保障，可能会被美国情报部门利用进而侵害欧洲民众的隐私权，欧盟法院裁定《隐私盾协议》无效。直到 2022 年 3 月，欧美才再次就跨《欧盟—美国数据隐私框架》（EU-US Data Privacy Framework）达成初步协议，旨在为欧盟公民的数据转移到美国时提供充分的保护。该框架包括限制美国情报机构获取数据的约束性保障措施，美国承诺实施改革以加强情报活动中公民隐私和数据保护力度，这也标志着欧美在跨境数据流动问题上的争论暂时告一段落。

第三节　与其他国家的合作

欧盟通过数字伙伴关系、网络对话加强与其他国家在数字领域和网络安全方面的合作，并通过"欧洲邻国工具"和"全球门户"项目在与网络发展中国家开展数字经济合作的同时帮助第三国加强网络安全能力建设。

一、数字伙伴关系

欧盟在 2022 年至 2023 年分别与日本、韩国、新加坡和加拿大四个国家建立了数字伙伴关系，旨在加强欧盟与兼容国家之间的合作，营造一个安全、公平、包容和平等的数字空间，并创建一套可在全球使用的标准，网络安全是欧盟与这些国家建立合作伙伴关系的重点领域。欧盟与这些国家建立了数字伙伴关系理事会，每年会在理事会期间举行会议。2024 年 3 月，欧盟和韩国在布鲁塞尔举行了第二届数字伙伴关系理事会。欧盟与日本的伙伴关系重点关注 5G 安全、5G/6G 技术发展、人工智能的安全和道德应用、半导体行业全球供应链的弹性等领域的安全与保障。2024 年 4 月 30 日，欧盟和日本举行了第二次数字伙伴关系理事会，双方签署了一份关于数字身份和信任服务的合作备忘录，就进一步加强和探索在数据和网络安全等领域的合作达成一致，包括统一标准和解决技能差距的方法等。

二、第三国网络安全能力建设

全球网络稳定依赖于各国在地方和国家层面预防和应对网络事件、调查和起诉网络犯罪案件的能力。技术发达国家和发展中国家之间的数字鸿沟加剧了在获取信息、资源、机会和网络安全方面的现有差距。弥合这一差距需要共同努力，促进数字扫盲、基础设施建设和能力建设举措，特别是在服务不足的地区。欧盟认为支持在第三国建立国家弹性的努力将提高全球网络安全水平，对欧盟产生积极影响。

自 2013 年起，欧盟将国际网络安全能力建设与发展合作系统结合起来，其能力建设的重点是欧盟周边和发展中国家，这些国家正经历着快速发展的网络和信息系统的互联互通以及随之激增的网络威胁。欧盟认识到增强网络弹性与可持续发展之间的紧密联系，在第三国发起了能力建设倡议。这些倡议的目标是提高第三国的技术能力和准备能力，并建立有效的法律框架，以应对网络犯罪和网络安全问题，同时增强其在这些领域开展有效国际合作的能力。

在网络防御领域，欧盟积极寻求与其他国际组织和国家深化建立战略合作伙伴关系，共同执行网络防御任务和行动，同时利用欧洲和平基金等支持其伙伴国家特别是欧盟邻国建设网络防御能力，并与其他资助者密切合作开发态势感知和协调平台。[1] 欧盟致力于协助网络安全能力不足的国家加强其网络弹性建设。2017年欧盟《弹性、威慑和防御：为欧盟建立强大的网络安全》中将支持第三国应对网络威胁的能力纳入其关键行动，提出应该建立一个专门的"网络安全能力建设网络"，将欧盟机构、成员国网络管理当局、学术界和民间社会聚集在一起，制定欧盟网络安全能力建设指南，为欧盟援助第三国的工作提供更好的政治指导，如缺乏适当的网络防御能力和基础设施脆弱的地中海合作伙伴。[2] 2020

---

[1]　赵慧：《欧盟网络防御政策研究》，《信息安全研究》2024 年第 1 期，第 95 页。

[2]　European Commission. Resilience, Deterrence and Defence: Building strong cybersecurity for the EU, Brussels: European Commission, 2017, pp.18-19.

年《数字十年网络安全战略》中网络安全被纳入外部金融工具，特别是邻里合作工具，支持欧盟合作伙伴的网络安全建设。

欧盟在欧洲邻国工具（The European Neighbourhood Instrument, ENI）的框架下建立了"东方网络"（CyberEast）和"东方网络安全"（EU4Digital: Cybersecurity East）等项目，与六个东部伙伴关系国家（摩尔多瓦、亚美尼亚、白俄罗斯、格鲁吉亚、阿塞拜疆和乌克兰）合作，该项目的目标是开发符合欧盟标准的技术和合作机制，打击网络犯罪和增强网络复原力，以加强网络安全和防范网络攻击。"东方网络"主要致力于加强与这几个国家司法和执法当局的能力和机构间合作，提高与这些国家在刑事司法、网络犯罪和电子证据方面的有效国际合作和信任，包括服务提供者与执法部门之间的合作和信任。"东方网络安全"则致力于加强这些国家的网络安全治理和法律框架建设、关键信息基础设施保护和提高这些国家网络安全事件管理的操作能力。欧盟委员会还通过入盟前援助工具（The Instrument for Pre-accession Assistance, IPA）[①]为在 2015 年底至 2019 年底运行的合作打击网络犯罪项目（CyberProceeds@IPA）提供了 500 万欧元，该项目旨在通过帮助立法、机构间合作、风险管理、公私信息共享、司法培训和国际合作等来加强东南欧国家和土耳其当局搜索、扣押和没收网络犯

---

① 入盟前援助工具（IPA）是欧盟自 2007 年以来通过财政和技术援助支持扩大地区改革的手段，入盟前基金是对正在扩大的地区和欧盟未来的稳健投资，用于支持受惠国实施必要的政治和经济改革，使其为欧盟成员国身份带来的权利和义务做好准备。该工具还有助于欧盟实现其自身的目标，包括可持续的经济形势、能源供应、交通、良好的环境、气候变化以及稳定。

罪收益。

2017 年第六届欧盟—非洲商业论坛（EABF）将数字经济纳入欧盟—非洲合作的范畴之后，促成了非洲联盟—欧洲联盟（AU-EU）数字促进发展（Digital for Development, D4D）计划，欧盟通过数字经济合作等方式帮助和推动非洲国家建立网络安全监管框架，参与非洲国家的网络基础设施建设。欧盟以《通用数据保护条例》为蓝本，通过援助安全能力建设项目，推动非洲国家建立数据治理框架和数据保护等监管体系。多个非洲国家近年推进的数据隐私法和数据治理框架都在一定程度上借鉴了欧盟的 GDPR 和数据治理模式。①欧盟于 2021 年推出的"全球门户"计划的重点领域是数字化，其中数字项目有一半在非洲，主要集中在基础设施发展上，包括在毛里塔尼亚建造数据中心，在肯尼亚扩建光纤基础设施等。

---

① 刘宏松，李知蔓：《欧盟与非洲国家数字合作：动力、推进与制约因素》，《德国研究》2024 年第 4 期，第 69—70 页。

第六章　欧盟网络安全治理成效及前景

网络空间、技术及其安全对全球政治经济发展的影响越来越大，网络安全治理在欧盟安全治理中的重要性也日益提升。当前，欧盟通过与网络弹性、数据保护、网络防御、人工智能治理和内部安全相关的立法和投入，在塑造欧洲网络安全格局方面正在发挥相当大的作用。欧盟的网络安全治理在协同应对网络安全事件、打击网络犯罪、发展网络安全相关工业和技术等方面取得了一定的实效，但也面临安全化与创新发展的平衡、区域协调难度大等挑战。

第一节　欧盟网络安全治理的成效

欧盟从一开始面临网络安全问题后被动的应对、治理到现今形成全面的网络安全战略和实施计划，其数十年的网络安全治理取得了许多进展和成效。首先，欧盟层面的网络安全能力得到了加强，建立了一系列的网络应急响应体系和防御机制，网络安全方面的欧盟立法也逐步被完善，对于打击欧盟范围内的网络犯罪、网络间谍和网络恐怖主义等具有重要价值，形成了制度化的网络安全能力。其次，欧盟对网络安全治理的重视和投入也推动了各成员国的网络安全进程，特别是对于一些网络安全建设和能力相对落后的成员国而言。最后，欧盟通过推广网络安全治理的欧盟标准国际化以及参与国际网络安全治理，增强了欧盟在网络安全等领域的国际影响力。

一、形成了制度化网络安全能力

虽然欧盟的网络安全治理经历了一段较为分散的阶段，但自欧盟第一次发布网络安全战略以来，欧盟的网络安全能力制度化取得了实质性的进展。不仅建立了欧盟层面的网络安全能力，完善了网络安全相关的法律体系，形成了成熟的应急响应体系，还通过推动成员国网络安全能力建设和合作，提高了欧盟整体的网络安全水平。

（一）建立了欧盟层面的网络安全能力

欧盟在建立和加强网络安全机构的作用方面取得了进展，比如建立了欧盟网络与信息安全局、欧洲刑警组织下属的欧洲网络犯罪中心和欧盟计算机应急响应小组网络等重要的网络安全机构。这些机构有助于提高欧盟居民的网络安全意识，改善网络安全方面的教育状况，增进合作，并协助相关组织机构调查网络攻击行为，执行法律规定。且欧盟机构在网络安全治理领域发挥了越来越大的作用，欧洲各国政府间网络安全协调与合作有了较大改善。其中最佳表现是在网络犯罪领域，各国网络犯罪部门和检察官之间的合作变得频繁和密切。

与此同时，欧盟在打击网络犯罪合作方面建立了相对健全的法律框架。欧洲刑警组织、欧洲司法组织和欧盟网络与信息安全局都在与国家当局合作方面发挥作用。欧洲刑警组织的网络犯罪中心已成为协调国际和跨部门支持与网络空间有关的联合执法行动的枢纽，能够通过利用欧洲刑警组织的基础设施和网络共享情报和协调国际优先事项，协助成员国和国际执法部门打击网络犯罪。[①]欧洲刑警组织架构下的转介小组仅2022年就评估了143个平台上21061个独特项目。[②]欧洲刑警组织针对网络犯罪集团的多边执法行动被认为是国际行动协调的最佳模式之一。

（二）形成了应急响应体系

2017年欧盟委员会与成员国发布的《大规模跨国网络安全事件协调应对计划》，提出了欧洲和成员国如何在发生大规模网络攻击时快速、全面和联合应对的蓝图，还规定了成员国和欧盟机构在应对此类事件和危机方面的合作目标和模式，形成了欧盟整体的应急响应体系。

---

① Luukas K. Ilves, Timothy J. Evans, Frank J. Cilluffo and Alec A. Nadeau, et al., "European Union and NATO Global Cybersecurity Challenges: A Way Forward". *PRISM*, Vol 6, No.2, 2016: pp.137-138.

② EU Internet Referral Unit, 2022 EU Internet Referral Unit Transparency Report, Luxembourg: Europol, 2024, p.6.

欧盟网络安全应急响应体系包括国家应急响应计划、计算机安全事件应急响应小组（CSIRTs）网络、综合政策威胁响应机制（IPCR）、通用快速警报系统（ARGUS）和欧盟对外行动署（EEAS）威胁响应机制五个部分。具体国家网络事件的应急响应活动由相关的成员国根据自身的国家应急响应计划进行响应，当网络事件造成的影响较为广泛，相关成员国无法自行处理，或影响到两个或两个以上欧盟成员国或欧盟机构，具有广泛和重大的技术或政治意义，被认为是网络安全"危机"时，则会在联盟政治层面及时进行政策协调和响应。①综合政策威胁响应机制是欧盟层面进行网络综合政策协调的顶层机制之一，为欧盟处理网络事件/危机提供了有力的保障。在涉及网络要素的全欧盟危机的情况下，欧盟理事会利用综合政策威胁响应机制安排，在欧盟政治层面协调应对措施。通用快速警报系统为欧盟委员会提供信息共享和内部协调的渠道，在欧盟委员会内部，将根据快速警报系统进行协调。如果危机涉及欧盟外部或共同安全和防御政策维度，则启动欧盟对外行动署危机响应机制。计算机安全事件应急响应小组网络是欧盟的底层响应机制，用于共享技术信息和合作，在必要时根据计算机安全事件应急响应小组网络的标准操作程序响应影响一个或多个成员国的网络安全事件。欧盟层面网络事件/危机响应机制如下图所示：

---

① European Commission, Commission Recommendation (EU) 2017/1584 of 13 September 2017 on coordinated response to large-scale cybersecurity incidents and crises, Brussels: European Commission, 2017, p.41.

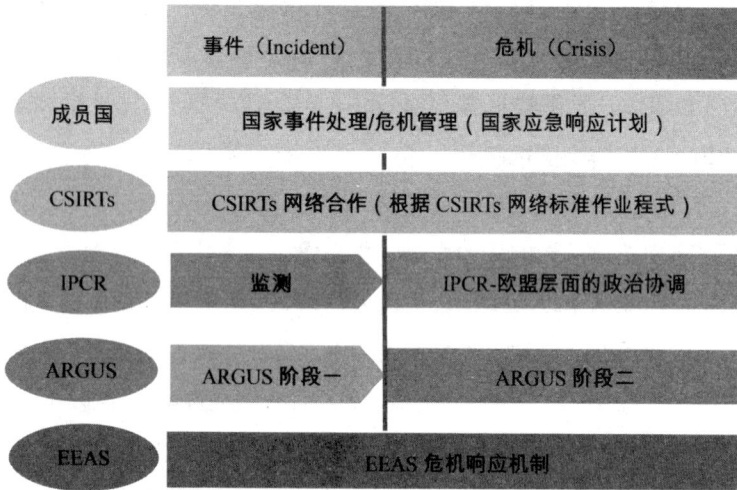

图 1 欧盟层面网络事件 / 危机响应机制

资料来源：European Commission, Commission Recommendation (EU) 2017/ 1584 of 13 September 2017 on co-ordinated response to large-scale cybersecurity incidents and crises, Brussels: European Commission, 2017, p.48.

（三）提高了欧盟整体安全水平

欧盟各成员国的网络安全水平存在差异，网络风险可以通过入侵整个网络系统最薄弱的环节，然后通过网络系统扩散。每个成员国的经济水平、基础设施发展水平和网络安全优先事项各有不同，导致了欧盟难以达到统一的网络安全水平。欧盟在网络安全的许多方面取代或补充了成员国的政策，包括与经济、司法和内政有关的政策，欧洲网络安全相关的法律大部分由欧盟立法组成或以欧盟立法为基础。2009 年 3 月，欧盟发布了《保护欧洲免受大规模网络攻击和中断：加强准备、安全性和弹性》的通信文件，建议成员国制定国家应急计划，定期组织大规模网络安全事件应变和恢复演习，并建立国家 CSIRT 以负责领导涉及私营和公共部门利益攸关方的国家应急规划演习和测试，以此来加强泛欧协调和提高成员国及欧盟地区的应急响应能力。2013 年，欧盟出台了《网络安全战略》之后，欧盟大部分成员国也响应欧盟的号召，建立了各自的网络安全主管机构，加强自身网络安全能力的建设，且得益于欧盟方面的努力，欧盟所有成员国都制定了具体的国家网络安全战略。NIS 指令和 GDPR 等强制性法规对成员国的官方和企业都做出了要求，严格的监管提高了整体的网络安全水平。

二、增强了在网络安全领域的国际影响力

欧盟积极利用其适度的权威来协调外交政策，在创建连贯、一致的网络外交政策方面取得了巨大的效果。2015 年 2 月，欧盟各成员国政府正式认可了在重大网络外交政策问题上的共同立场，使欧盟在网络安全国际治理的努力上形成合力。欧盟还通过建设数字主权，制定欧洲规范和标准并向外推广，有力提升了欧盟在数字规则领域的国际话语权和影响力，引领了世界其他国家和地区数字规则调整，并对数字领域国际格局产生深远影响。[1]《通用

---

① 马国春：《欧盟构建数字主权的新动向及其影响》，《现代国际关系》2022 年第 6 期，第 51—60 页。

数据保护条例》《人工智能法》等反映了欧盟积极的数据保护和安全监管方法，不仅加强了欧盟的网络安全实践，而且使欧盟和欧洲国家成为数据隐私保护和人工智能监管领域的领先者。这些法规的治外法权范围将其影响扩展到欧洲以外，迫使全球与欧盟用户关联的企业遵守其法规，增强了欧盟数据保护标准在网络安全领域的国际影响力。欧盟通过对非洲的数字基础设施援助和数字合作，对非洲国家的数据治理方法产生了实质性的影响。这种跨境法律移植现象不仅体现在立法原则层面，更深入渗透至数据主权设置、监管机构架构设计等制度内核，标志着欧盟数字治理模式在非洲大陆实现了从规范扩散到本土化实施的渗透，有效强化了其在南半球数字规则体系中的话语主导地位。

通过颁布塑造国际商业环境的法规，提高全球标准，并导致全球商业许多重要方面的显著欧洲化，欧盟成功地制定了数据隐私、消费者健康和安全、环境保护、反垄断和在线仇恨言论等领域的政策，强化了欧盟的全球监管权力。这种利用"规范性权力"潜移默化地影响甚至塑造全球技术标准与管理规则体系的现象被称为"布鲁塞尔效应"。[1] 在自身数字技术条件相对落后的情况下，欧盟通过在立法中设立域外范围、跨国界管辖以及与伙伴国家建立联盟等方式推动其治理规范的国际化，提升欧盟在数字领域的规则制定上的话语权。

---

① Anu Bradford, *The Brussels Effect: How the European Union Rules the World*, New York: Oxford University Press, 2020, pp.112-115.

第二节　欧盟网络安全治理的挑战与展望

网络安全具有一定的复杂性。纵然网络安全已经成为保护社会的重点，但网络安全又处于内部与外部、公共与私人，民用与军用之间，这使得它变得复杂而具有挑战性。网络攻击和网络干扰变得更加频繁和更具破坏性，难以追踪和归因。作为一种新兴的安全挑战，网络安全模糊了内部安全、外部安全与组织和机构责任分工之间的明显区别，破坏了民防、军事防御和执法的传统区分，也破坏了公共当局与私营企业严格分离的传统观念。虽然欧盟在制定网络安全监管的法律框架、规范和机制方面取得了重大进展，但管辖权冲突、监管碎片化和新出现的网络威胁等问题依然会挑战欧盟的网络安全。

一、欧盟网络安全治理面临的挑战

除了网络威胁不断演变和复杂的性质外，欧盟未来的网络安全治理还面临着许多障碍，阻碍了其作为数字领域安全提供者的一致性和有效性，如政策体系和立法框架实施的巨大挑战、成员国之间在网络安全方面的效率和承诺的差异、利益相关者之间缺乏信任与合作、缺乏制度和政策的凝聚力和仍存在国际合作的障碍等。

（一）成员国的协调困境和管辖权冲突

欧盟对网络信息和通信技术及其相关领域的监管格局是多层次和复杂的，国家能力和主权与欧盟的权威之间的关系仍然悬而未决。尽管网络安全是一个跨境问题，网络安全威胁在过去二十年中也一直在增长，但部分欧盟成员国在外交和国防政策领域对主权非常敏感，并不愿意在安全事务上把权力下放给欧盟的超国家机构，一定程度上限制了欧盟的网络安全雄心和组织能力。不断变化的欧盟内部政治也是影响其国际合作的优先事项，欧盟成员国的国内政治议程以及政治上的普遍右倾正日益影响包括安全、发展和国际合作在内的欧盟事项。

欧盟网络安全政策在很大程度上是负责内政和司法事务政策的机构以及负责外交政策的机构密切合作的结果。在网络安全领域，几乎不可能保持传统的内部和外部政策划分，不同政府部门的责任范围也难以完全厘清，网络安全问题跨越了民防、执法、军事防御和外交之间等多个领域，难以明确地划分或者定义到任一单一政策领域的责任范围。网络攻击可能起源于域外其他国家，甚至可能很难确定攻击的来源，网络安全领域的有效立法需要超越民族国家的界限，保护关键基础设施（包括能源、健康、交通和通信）免受网络威胁需要外交政策和内政司法政策两方面的措施。因此，司法、内政与外交政策之间的界限很难界定。尽管互联网是一个高度不受限制的空间，但法律和安全责任仍然在民族国家的管辖范围内。只有在国家层面，才有可能定义网络犯罪，启动执法行动并惩罚违法者。在网络安全治理方面，大多数欧洲标准并不直接适用于所有成员国，而是必须转化为国家立法，从而造成进一步的差异。

自 2013 年欧盟首个《网络安全战略》发布以来，欧盟层面的网络安全治理制度化已经取得了实质性进展。即使欧盟层面对网络安全战略和方向进行了顶层设计，但成员国的国家能力和利益各不相同，国别行动方案在结构和方法方面差别很大。如德国和荷兰在内的一些政府将网络安全视为国土安全问题，而拉脱维亚和丹麦等其他国家则将其视为国防问题。还有一些国家，包括芬兰和意大利，将网络安全视为商业和通信问题。由于欧盟成员国的网络安全成熟度不尽相同，成员国对欧盟参与网络安全问题的接受程度也存在很大差异。对于欧盟新的网络安全倡议，较小或网络安全制度不成熟的成员国响应和参与更加积极，强大的、网络安全制度成熟的成员国则通常相反，因为这可能对没有这种功能的成员国很有效，但对于已经建立了类似功能的成员国来说，这一举措只会在大规模事件期间为工作量本已繁重的行动响应人员增加更多的负担。①

欧盟网络安全政策建议包括使用民事和军事防御工具来保护信息技术基础设施，促进数字市场的安全发展，并支持系统、程序和技术的互操作性。尽管欧盟机构提出了一揽子建议，特别是《网络安全法》，但这些改革的深入需要成员国更深入的参与。成

---

① Sarah Backman, "Risk vs. threat-based cybersecurity the case of the EU", *European Security*, Vol 32, No.1, 2023: p.99.

员国的参与意愿以及在新的网络安全生态系统中参与到何种程度，仍然是一个问题。虽然许多政府看到了强有力的泛欧洲方法的价值，但也有欧盟成员国认为，任何对网络安全的集中监管都是在侵犯它们的主权。一些成员国反对欧盟对其网络安全活动拥有更多控制权，欧盟雄心勃勃的网络安全提案很容易遭到成员国的反对甚至抵制。[①] 成员国对 NIS2 提案表示的主要关切之一是该指令所涵盖的实体数量显著增加，部分成员国希望进一步澄清该指令不适用于主要在国防、国家安全、公共安全或执法领域开展活动的实体，也不适用于涉及国家安全或国防的活动。[②] 同时，网络安全信息共享因为其信息的敏感性，特别是在涉及国家安全时，需要更高程度的相互信任，一些成员国更倾向于次区域的网络安全合作，通常在次区域环境中与其更加信任的合作伙伴进行共享。

欧盟成员国在新兴技术投资水平方面也存在较大差异。例如，人工智能投资方面，2020 年，法国、德国、爱尔兰、西班牙和意大利各投资超过 10 亿欧元。人工智能投资规模最大的两个国家法国和德国也以高于平均水平的速度增加了人工智能投资，扩大了欧盟各国之间的差距。波兰、罗马尼亚和爱尔兰的人工智能投资增长最低，爱沙尼亚、马耳他和葡萄牙的人工智能投资增长最高。另外，相对而言，爱尔兰和北欧国家在人均投资方面处于领先地

---

① Annegret Bendiek, Raphael Bossong, Matthias Schulze, The EU's revised cybersecurity strategy: half-hearted progress on far-reaching challenges, SWP Comment No.16, Berlin: Stiftung Wissenschaft und Politik (SWP), 2017, p.7.

② Sarah Backman, "Risk vs. threat-based cybersecurity the case of the EU", *European Security*, Vol 32, No.1, 2023: p.98.

位，人均支出超过 50 欧元，而欧盟的平均水平为 36 欧元。[①] 这种技术投资的差距会加大未来欧盟成员国之间的数字鸿沟，导致安全监管更难达成一致水平。

（二）安全化与创新发展之间的平衡

互联网的巨大发展以及随之而来的源源不断的创新得益于相对自由的监管环境。然而，随着互联网与社会发展的深度融合，网络空间、技术及其延伸使其能够破坏金融基础设施稳定、攻击关键基础设施、干涉别国内政甚至破坏国家安全，它已然成为影响国家发展和地缘政治冲突的强有力工具。

忽视网络安全可能会破坏公民对数字基础设施、政策制定者和国家当局的信任和信心，在犯罪猖獗、缺乏规则、规范和道德的混乱环境中，创新和自由也无法很好地实现。在各国收获互联网带来的社会和经济利益的同时，它们也害怕互联网对国家安全构成的威胁。为了应对这些威胁，各国开始收紧互联网边界，甚至发展网络武器。[②] 在网络安全领域，欧盟的目标是建立一个共同的"自由、安全和正义领域"，然而，自由必然会伴随着安全风险。随着新的威胁不断出现和升级，欧盟的政治话语中，安全似乎逐渐盖过了其一直宣扬的所谓自由，这种欧盟网络政策的安全化也

---

① Joint Research Centre(JRC). AI Watch: Estimating AI Investments in the European Union, Luxembourg: Publications Office of the European Union, 2022, p.4.

② Sanjay Goel, "National Cyber Security Strategy and the Emergence of Strong Digital Borders", *Connections*, Vol 19, No.1, 2020: p.74.

面临批判。过分强调网络安全和日益严格的网络监管的潜在弊端是会影响互联网快速创新及技术产业竞争力。

（三）公私伙伴关系之间的信任

欧盟的网络安全体系涵盖了欧盟机构以及成员国的国家机构和公私组织。私营部门在提供网络硬件和软件以及提供网络安全方面越来越多地发挥着独特的作用。[①] 如果没有私营公司的技术专长，就很难识别相关威胁并做出相应的反应。许多私营公司还负责能源、卫生或交通领域的关键基础设施，这些公司参与风险和危机管理以及威胁识别过程，是维护公共安全的决定性部分。

公共和私营部门之间的合作和信息共享面临一些障碍。参与者的多元化是因为网络安全面临的挑战的复杂性和动态性，但也意味着不同机构之间可能缺乏明确界定的责任领域和问责制度。政府和公共机构不愿分享与网络安全相关的信息，因为担心损害国家安全或竞争力。私营企业不愿分享有关其网络漏洞和由此造成的损失的信息，因为担心泄露敏感的商业信息、危及其声誉或违反数据保护规则。这就需要公私机构之间加强信任，建立更和谐的公私伙伴关系，为更多部门之间更广泛的合作和信息共享提供基础。

---

① Scott N. Romaniuk, Mary Manjikian, (eds.), *Routledge Companion to Global Cyber-Security Strategy*, London and New York: Routledge, 2021, p.1.

（四）数字化转型不足

实现"数字十年"战略在数字基础设施、商业、技能和公共服务方面的目标，对欧盟未来的经济繁荣和数字安全至关重要。欧盟《关于数字十年状况的第二份报告》表明欧盟远未实现"数字十年政策计划"设定的数字化转型目标，在联通性、数字技能和人工智能等领域落后。其中，光纤网络对于提供千兆连接和启用人工智能、云和物联网等尖端技术至关重要，但仅覆盖 64% 的家庭，高质量的 5G 网络仅覆盖了欧盟 50% 的领土，其性能仍不足以提供先进的 5G 服务。欧洲企业 2023 年对人工智能、云和大数据的采用也远低于数字十年 75% 的目标。[①] 按照目前的趋势，到2030 年，欧盟只有 64% 的企业将使用云，50% 的企业将使用大数据，17% 的企业将使用人工智能。[②] 为了实现商业部门的数字化，最重要的是鼓励中小企业采用创新的数字工具，特别是云和人工智能，并进一步动员私人投资高增长的初创企业。这对于保持欧洲在数据驱动型创新、效率和增长方面的竞争力至关重要。《关于数字十年状况的第二份报告》清楚地表明，欧盟没有走上实现欧洲数字化转型目标的轨道，还需要在数字技能、高质量连接和人工智能应用方面进行额外投资，鼓励使用数字工具，让更多的人

---

①　European Commission, 2030 Digital decade: Report on the State of the Digital Decade 2024, Luxembourg: European Union, 2024, p.4.

②　同上。

获得数字技能，促进合作。该报告呼吁为了应对这些挑战，成员国和欧盟委员会应共同努力，加强集体行动，推动欧盟的数字化转型，促进一个真正有效的数字单一市场。

欧盟数字化转型面临的另一个问题是，数字技术在大城市以外的普及程度有限，这一问题与日益加剧的数字鸿沟以及企业（特别是中小企业）数字化转型进程缓慢密切相关。当前，欧盟数字融合进展依然迟缓，投资、人力资本和数字基础设施往往集中在主要人口中心城市，而小城市、偏远地区和农村地区则面临经济活动乏力、人口流失等严峻挑战。

二、欧盟网络安全治理发展方向

网络威胁是动态变化的，新兴技术（如 AI、云计算等）的发展和变化都可能会给网络安全带来新的挑战。欧盟《2030 十大网络安全威胁前瞻》报告中列出的未来的网络安全威胁包括对供应链的依赖妥协，技能短缺，人为错误和利用网络物理生态系统中的遗留系统，利用未打补丁和过时的系统，数字监控威权主义的兴起／隐私的丧失，跨境信息通信技术服务提供商的单一性，虚假信息活动，高级混合威胁的兴起，人工智能滥用，物理影响或自然／对关键数字基础设施的环境破坏。根据欧盟 2030 战略目标，其网络安全治理发展将向投资项目与数字欧洲建设相融合、能力建构注重人员技能教育和技术创新发展、拓展和加强网络安全治理框架中的伙伴关系、系统推进其数字治理范式的全球扩散等方向持续加强。

（一）加紧培养数字技能人才

数字技能人才空缺是欧盟数字技术发展和安全的重要问题。数字技术可以说是当下最先进的技术领域之一，相关安全专业人员所需的技能正在以比平常更快的速度变化，现实中网络安全人员往往缺乏相应的技能。欧盟《通用数据保护条例》于 2018 年 5 月正式生效，要求在每个数据处理或信息系统中更加关注数据安全，但由于人才和技能短缺，许多组织发现自己没有准备好确保达到 GDPR 要求的条件。同时，全球对数字技能人才的竞争日益激烈。随着欧盟数字化转型加快，培养数字技能人才是欧盟的重要工作。欧盟目前在数字技能人才培养的进展上十分不足，只有 55.6% 的欧盟人口拥有基本的数字技能，按照目前的速度，到 2030 年，欧盟 ICT 专家的数量将达到 1200 万，远低于计划到 2000 万的目标。[①] 由于网络安全教育项目的分布不均以及欧盟高等教育机构网络安全项目内容的重启较晚，大多数欧盟国家都落在了后面。欧盟公民的基本数字技能和相关从业人员的安全技能严重不足，技能短缺是欧盟未来的网络安全威胁之一，加强网络安全技能教育是欧盟治理的必然方向之一。

---

① European Commission, 2030 Digital decade: Report on the State of the Digital Decade 2024, Luxembourg: European Union, 2024, p.18.

（二）网络安全技术和工业的研发与创新

发展欧盟的网络安全技术和工业能力是欧盟确保其数字单一市场的安全，加强和维持欧洲的网络安全能力，使欧洲在网络安全市场处于领先地位的路径之一。为响应网络安全 2020 地平线计划中呼吁"建立和运营欧洲网络安全能力网络试点并制定共同的欧洲网络安全研究与创新路线图"，欧盟委员会于 2019 年建立了四个试点项目（CONCORDIA、ECHO、SPARTA 和 CyberSec4Europe），目的是提供领先的研究、技术、工业管理能力，在技术、流程和服务方面发挥领导作用，为欧洲的数字主权建立以用户为中心的欧盟一体化网络安全生态系统。这四个项目广泛合作，相互协调，与欧洲的网络安全生态系统共同努力，推进和加强了欧洲网络安全研究、创新和部署的发展。广泛的网络安全相关活动包括电子卫生、金融、电信、智慧城市和交通领域的示范测试和实践。利用网络范围、培训和教育计划来解决欧盟的网络安全技能差距，将有助于提供创新的市场解决方案。这些解决方案将解决未来对数字单一市场安全的跨域网络安全挑战。

参考文献

一、著作类

[1] 邓小龙，吴旭. 网络空间安全治理 [M]. 北京：北京邮电大学出版社，2020.

[2] 卡罗琳·布沙尔，约翰·彼得森，娜萨莉·拓茨. 欧盟与 21 世纪的多边主义 [M]. 薄燕等，译. 上海：上海人民出版社，2016.

[3] 任琳. 反思全球治理：安全、权利与制度 [M]. 北京：中国社会科学出版社，2021.

[4] 沈逸. 全球网络空间秩序与规则制定 [M]. 北京：时事出版社，2021.

[5] 李少军，李开盛. 国际安全新论 [M]. 北京：中国社会科学出版社，2018.

[6] 宋文龙. 欧盟网络安全治理研究 [M]. 北京：世界知识出版社，2020.

[7] 王孔祥. 全球治理与网络安全 [M]. 北京：时事出版社，2022.

[8] 王舒毅. 网络安全国家战略研究：由来、原理与抉择 [M]. 北京：金城出版社，2016.

[9] 严少华，赖雪仪. 欧盟与全球治理 [M]. 北京：社会科学文献出版社，2020.

[10] 姚旭. 欧盟跨境数据流动治理：平衡自由流动与规制保护 [M]. 上海：上海人民出版社，2019.

[11] 周弘，贝娅特·科勒-科赫主编. 欧盟治理模式 [M]. 北京：社会科学文献出版社，2008.

[12] BRADFORD A. The Brussels Effect: How the European Union Rules the World [M]. New York: Oxford University Press, 2020.

[13] BUZAN B. WAVER O. & WILDE J. Security: A New Framework for Analysis [M]. Boulder: Lynne Rienner Publishers, 1998.

[14] CHRISTOU G. Cybersecurity in the European Union: Resilience and Adaptability in Governance[M]. England: Macmillan, 2016.

[15] CLARK D. BERSON T. & LIN HS. (eds). Computer Science and Telecommunications Board, At the Nexus of Cybersecurity and Public Policy[M]. Washington DC: The National Academy Press, 2014.

[16] CHRISTEN M. GORDIJN B. & LOI M. (eds). The Ethics of Cybersecurity. Switzerland: Springer, 2020.

[17] JENTKIEWICZ K C. RADONIEWICZ F. & ZIELINSKI T. Cybersecurity in Poland: Legal Aspect [M]. Switzerland:

Springer, 2022.

[18] THE International Institute for Strategic Studies (IISS). Strategic Survey 2016: The Annual Review of World Affairs[M]. London: Routledge, 2016.

[19] BLOCKMANS S. & KOUTRAKOS P. Research Handbook on EU Common Foreign and Security Policy [M]. Cheltenham, UK: Edward Elgar Publishing, 2018.

[20] ROMANIUK S N. & MANJIKIAN M. (eds). Routledge Companion to Global Cyber-Security Strategy[M]. London and New York: Routledge, 2021.

[21] SHIRES J. The Politics of Cybersecurity in the Middle East[M]. New York: Oxford University Press, 2022.

[22] TIKK E. & KERTTUNEN M. (eds). Routledge Handbook of International Cybersecurity[M]. New York: Routledge, 2020.

[23] WHITMAN R. Normative Power Europe: Empirical and Theoretical Perspectives [M]. Basingstoke, Hampshire: Palgrave MacMillan, 2011.

[24] ZEKOS G I. Political, Economic and Legal Effects of Artificial Intelligence: Governance, Digital Economy and Society[M]. Switzerland: Springer, 2022.

[25] ZUKIS B. Digital and Cybersecurity Governance Around the World[M]. Hanover: Now Publishers Inc, 2022.

二、论文类

[1]　蔡翠红，张若扬 . "技术主权"和"数字主权"话语下的欧盟数字化转型战略 [J]. 国际政治研究，2022(1): 9–36, 5.

[2]　陈烁 . 欧盟网络外交政策分析及对我国网络安全发展的启示 [J]. 网络空间安全，2024, 15(4):11–16.

[3]　方兴东，钟祥铭 . 欧洲在全球网络治理制度建设的角色、作用和意义 [J]. 全球传媒学刊，2020, 7(1):116–129.

[4]　宫云牧 . 网络空间与霸权护持——美国网络安全战略的迭代演进与驱动机制 [J]. 国际展望，2024, 16(1):54–74,159.

[5]　何敏，张记炜 . 后疫情时代欧盟应对网络安全威胁的新举措及启示 [J]. 情报杂志，2022, 41(6):45–50, 85.

[6]　姜松浩 . 欧美数据跨境治理的特点及启示 [J]. 中国信息安全，2024(3): 69–72.

[7]　李舒沁 . 欧盟网络安全战略新动向及其启示 [J]. 网络安全技术与应用，2021(7):175–177.

[8]　李恒阳 . 后斯诺登时代的美欧网络安全合作 [J]. 美国研究，2015, 29(3):6, 53–72.

[9]　刘宏松，李知蔓 . 欧盟与非洲国家数字合作：动力、推进与制约因素 [J]. 德国研究，2024, 39(4): 54–75, 139–140.

[10]　刘建伟 . 国家"归来"：自治失灵、安全化与互联网治理 [J]. 世界经济与政治，2015 (7):107–125, 159.

[11]　刘金瑞 . 欧盟网络安全立法近期进展及对中国的启示 [J]. 社会

科学文摘，2017 (6):20–22.

[12] 刘兴华，李冰．国际安全视域下的网络文化与网络空间软实力 [J].国际安全研究，2019 (6): 73–103.

[13] 隆峰，谢宗晓．网络空间间谍活动的特征、形式及应对 [J].中国信息安全，2021(10):81–83.

[14] 鲁传颖，范郑杰．欧盟网络空间战略调整与中欧网络空间合作的机遇 [J].当代世界，2020 (8):52–57.

[15] 吕蕊．欧盟网络外交：战略基础、政策向度与安全竞争 [J].同济大学学报（社会科学版），2022, 33(4):36–47, 119.

[16] 马国春．欧盟构建数字主权的新动向及其影响 [J].现代国际关系，2022(6): 51–60,62.

[17] 马俊．浅析欧盟法院"安全港协议"案 [J].理论观察，2016(5):55–56.

[18] 斯蒂凡·索桑托，黄梦竹．欧洲的数字力量：从地缘经济到网络安全 [J].国外社会科学文摘，2017(12):50–55.

[19] 谭佩琳，文峰．接纳与抵触：欧盟与东盟网络治理中的规范扩散探究 [J].世界经济与政治论坛，2024(5):25–48.

[20] 谈晓文．欧盟数据共享治理模式研究及中国镜鉴 [J].德国研究，2024, 39(5): 113–133, 138.

[21] 檀有志．网络空间全球治理：国际情势与中国路径 [J].世界经济与政治，2013(12):25–42,156–157.

[22] 托马斯·雷纳德，小文．欧盟在网络领域与第三国的战略合作评估 [J].国外社会科学文摘，2018(7):24–27.

[23] 王聪悦．特朗普时期美欧网络安全合作的承袭、变局与思考 [J].

国外理论动态，2019 (7):106–116.

[24] 王瑞平．中欧网络空间治理合作：进展、挑战及应对思考 [J]. 现代国际关系，2019 (6):51–56, 34.

[25] 吴军超．欧盟网络安全治理探析 [J]. 郑州大学学报（社会科学版），2021, 54 (1): 24–29.

[26] 晓安．联合国网络安全进程取得重要进展 [J]. 中国信息安全，2021 (9): 72–73.

[27] 萧德璋．2022 年度欧美日的网络安全政策调整综述 [J]. 中国信息安全，2023(1): 83–86.

[28] 谢波，王志祺．欧盟网络安全政策法律的发展演变、主要特点和经验启示 [J]. 中国信息安全，2024 (3): 53–58.

[29] 徐展鹏，丁丽柏．网络犯罪治理国际合作：发展趋势、全球协作与中国方案 [J]. 学术论坛，2024, 47(2):123–133.

[30] 杨晓强，李若瀚．国际网络空间安全治理：困境、反思与对策 [J]. 河南社会科学，2022, 30(6):101–109.

[31] 余建川．欧盟网络安全建设的新近发展及对我国的启示——基于欧盟《数字十年网络安全战略》的分析 [J]. 情报杂志，2022, 41(3):87–94.

[32] 张华．欧盟网络制裁机制的国际法透视 [J]. 欧洲研究，2020, 38(6):6, 51–70.

[33] 张蛟龙．联合国与全球网络安全治理 [J]. 国际问题研究，2023 (6):98–118, 126.

[34] 赵宏瑞，李树明．网络空间国际治理：现状、预判、应对 [J]. 广西社会科学，2021(11):108–113.

[35]　赵慧. 欧盟网络防御政策研究 [J]. 信息安全研究，2024(1): 94–96.

[36]　郑春荣，倪晓姗. 欧盟网络安全战略及中欧合作 [J]. 同济大学学报 (社会科学版)，2020, 31(4):42–56.

[37]　郑春荣等. 德国参与网络空间国际治理的主张、实践与动因分析 [J]. 同济大学学报（社会科学版），2022, 12(6): 22–33.

[38]　周秋君. 欧盟网络安全战略解析 [J]. 欧洲研究，2015, 33(3): 60–78.

[39]　AMOO O O. & ATADOGA A. (et al). GDPR's impact on cybersecurity: A review focusing on USA and European practices[J]. International Journal of Science and Research Archive, 2024, 11(1): 1338–1347.

[40]　BACKMAN S. Risk vs. threat-based cybersecurity the case of the EU [J]. European Security, 2023, 32(1): 85–103.

[41]　BARRINHA A. & RENARD T. Cyber-diplomacy: the making of an international society in the digital age[J]. Global Affairs, 2017, 3(4–5): 353–364.

[42]　BELLANOVA R. CARRAPICO H. & DUEZ D. Digital/ sovereignty and European security integration: An introduction [J]. European Security, 2022, 31 (3): 337–355.

[43]　BENDIEK A. European Cyber Security Policy [Z]. SWP Research Paper, Berlin: Stiftung Wissenschaft und Politik (SWP), 2012: 1–27.

[44]　BENDIEK A. BOSSONG R. & SCHULZE M. The EU's revised

cybersecurity strategy: half-hearted progress on far-reaching challenges [Z]. SWP Comment No.16, Berlin: Stiftung Wissenschaft und Politik (SWP), 2017: 1–7.

[45] BENDIEK A. & KETTEMANN M C. Revisiting the EU Cybersecurity Strategy [Z]. SWP Comment No.16, Berlin: Stiftung Wissenschaft und Politik (SWP), 2021: 1–8.

[46] CRAIGEN D. THIBAULT N D. & PURSE R. Defining Cybersecurity[J]. Technology Innovation Management Review, 2014, 4(10): 13–21.

[47] CALLIESS C. & BAUMGARTEN A. Cybersecurity in the EU the example of the financial sector a legal perspective[J]. German Law Journal, 2020, 21(6):1149–1179.

[48] CARRAPICO H. & BARRINHA A. The EU as coherent (cyber) security actor? [J]. Journal of Common Market Studies, 2017, 55(6): 1254–1272.

[49] CHIARA P G. The IoT and the new EU cybersecurity regulatory landscape[J]. International Review of Law, Computers & Technology, 2022, 36 (2):118–137.

[50] COLLIN B C. The Future of Cyber terrorism: Where the Physical and Virtual Worlds Converge[J]. Crime & Justice International, 1997, 13(2):15–18.

[51] HAMELEERS M, et al. A picture paints a thousand lies? The effects and mechanisms of multimodal disinformation and rebuttals disseminated via social media[J]. Political

communication, 2020(37): 281–301.

[52] ILVES L K. EVANS T J. & CILLUFFO F J. (et al). European Union and NATO Global Cybersecurity Challenges: A Way Forward[J]. PRISM, 2016, 6 (2):126–141.

[53] FARRAND B. & CARRAPICO H. Digital sovereignty and taking back control from regulatory capitalism to regulatory mercantilism in EU cybersecurity [J]. European Security, 2022, 31(3): 436–447.

[54] GOEL S. National Cyber Security Strategy and the Emergence of Strong Digital Borders[J]. Connections, 2020, 19 (1): 73–86.

[55] PLOTNEK J J. & SLAY J. Cyber terrorism: A homogenized taxonomy and definition[J]. Computers& Security, 2021(102): 1–18.

[56] KASPER A. OSULA A-M. & MOLNAR A. EU cybersecurity and cyber diplomacy[J]. IDP, 2021(34): 1–15.

[57] LEWIS J. Sovereignty and the Role of Government in Cyberspace[J]. Brown Journal of World Affairs, 2010,16(2):55–65.

[58] MADIEGA T. Digital sovereignty for Europe [Z]. European Parliamentary Research Service Ideas Paper, 2020.

[59] MARKOPOULOU D. PAPAKONSTANTINOU V. &HERT P D. The New EU Cybersecurity Framework: The NIS Directive, ENISA' s Role and the General Data Protection Regulation[J]. Computer Law & Security Review, 2019, 35(6): 1–11.

[60] MISA T J. &SCHOT J. Inventing Europe: Technology and the Hidden Integration of Europe[J]. History and Technology, 2005, 21(1): 1–19.

[61] MUELLER M L. Against Sovereignty in Cyberspace[J]. International Studies Review, 2019, 22(4):779–801.

[62] MUSONI M. KARKARE P. TEEVAN C. (et al.). Global approaches to digital sovereignty: Competing definitions and contrasting policy [Z]. ECDPM Discussion Paper No, 344, 2023.

[63] NYE J S. Deterrence and Dissuasion in Cyberspace[J]. International Security, 2017, 41(3): 44.

[64] NYE J S. The Regime Complex for Managing Global Cyber Activities [J/OL]. Global Commission on Internet Governance Paper Series 2014 (1):4–20.

[65] POPTCHEV P. NATO-EU Cooperation in Cybersecurity and Cyber Defence Offers Unrivalled Advantage [J]. Information & Security, 2020, 45: 35–55.

三、报告类

[1] 国际电联. 互联网管理工作组的初步报告 [R]. 日内瓦: 联合国，国际电联，2005.

[2] MASLEJ N. FATTORINI L. & PERRAULT R. (et al.). The AI Index 2024 Annual Report[R]. Stanford: AI Index Steering Committee, Institute for Human-Centered AI, Stanford

University, 2024.

[3] BANGEMANN GROUP. Bangemann Report, Europe and the Global Information Society[R]. Brussels: Bangemann Group, 1994.

[4] BRUNDAGE M. AVIN S. CLARK J. (et al). The Malicious Use of Artificial Intelligence: Forecasting, Prevention, and Mitigation [R/OL]. Ithaca: Cornell University, 2018. https:// arxiv.org/ abs/1802.07228.

[5] EUROPEAN COMMISSION. Broadband Coverage in Europe 2023: Mapping progress towards the coverage objectives of the Digital Decade[R]. Luxembourg: Publications Office of the European Union, 2024.

[6] EUROPEAN COMMISSION. European's attitudes towards cyber security (cybercrime)[R]. Brussels: European Commission, 2019.

[7] EUROPEAN COMMISSION. First Annual Report on the Implementation of the EU Internal Security Strategy[R]. Brussels: European Commission, 2011.

[8] EU NIS COOPERATION GROUP. EU coordinated risk assessment of the cybersecurity of 5G networks Report[R]. Brussels: European Commission, 2019.

[9] EUROPEAN COMMISSION. 2030 Digital decade: Report on the State of the Digital Decade 2024 [R]. Luxembourg: European Union, 2024.

[10] EUROPEAN COMMISSION. Second Report on the Implementation of the EU Internal Security Strategy [R]. Brussels: European Commission, 2013.

[11] EU INTERNET REFERRAL UNIT. 2022 EU Internet Referral Unit Transparency Report [R]. Luxembourg: Europol, 2024.

[12] ERNST & YOUNG GLOBAL LIMITED. POLICY TRACKER. & LS TELCOM. Digital Decade 2024: 5G Observatory Report [R]. UK: Ernst & Young Global Limited, 2024.

[13] GRANELL C. MOONEY P. & JIRKA S. (et al.). Emerging approaches for data-driven innovation in Europe [R]. Luxembourg: Publications Office of the European Union, 2022.

[14] Joint Research Centre (JRC). AI Watch: Estimating AI Investments in the European Union [R]. Luxembourg: Publications Office of the European Union, 2022.

[15] KANTAR BELGIUM. Europeans' attitudes towards cyber security[R]. Brussel: European Commission, 2019.

[16] KEMP S. Digital 2024: Global Overview Report[R/OL]. (2024-01-31). https://datareportal.com/reports/digital-2024-global-overview-report.

[17] ORGANISATION FOR ECONOMIC CO-OPERATION AND DEVELOPMENT. Communications Outlook 2001[R]. Paris: OECD Publications Service, 2001.

[18] PUPILLO L. GRIFFITH M. & BLOCKMANS S. (et al.).

Strengthening the EU's Cyber Defence Capabilities[R]. Brussels: Centre for European Policy Studies (CEPS), 2018.

[19] Price Waterhouse and Coopers. Sizing the Prize. PwC's Global Artificial Intelligence Study: Exploiting the AI Revolution[R]. London: Price Waterhouse and Coopers, 2017.

[20] WORLD ECNOMIC FORUM. Global Technology Governance Report 2021: Harnessing Fourth Industrial Revolution Technologies in a COVID-19 World [R]. World Economic Forum, 2020.

[21] WORKING GROUP ON INTERNET GOVERNANCE (WGIG). Report of the Working Group on Internet Governance [R]. Château de Bossey: WGIG, UN, 2005.

[22] UNITED NATIONS CONFERENCE ON TRADE AND DEVELOPMENT. Digital Economy Report 2021: Cross-border data flows and development [R]. New York: United Nations, 2021.

四、官方文件

[1]　联合国大会. 从国际安全角度看信息和电信领域的发展. 纽约: 联合国，2021.

[2]　联合国大会. 打击为犯罪目的使用信息和通信技术行为. 纽约: 联合国，2021.

[3]　AFRICAN UNION. Continental Artificial Intelligence Strategy: Harnessing AI for Africa's Development and Prosperity.

Addis Ababa, Ethiopia: African Union, 2024.

[4] BROOKSON C. CADZOW S. & ECKMAIER R. (et al.). Definition of Cybersecurity-Gaps and overlaps in standardization. Brussels: European Union Agency for Network and Information Security (ENISA), 2015.

[5] COMMISSION OF THE EUROPEAN COMMUNITIES. i2010 – A European Information Society for growth and employment, Brussels: Commission of the European Communities, 2005.

[6] COMMISSION OF THE EUROPEAN COMMUNITIES. Network and Information Security: Proposal for a European Policy Approach, Brussels: European Commission, 2001.

[7] COMMISSION OF THE EUROPEAN COMMUNITIES. A strategy for a Secure Information Society- "Dialogue, partnership and empowerment". Brussels: Commission of the European Communities, 2006.

[8] COMMISSION OF THE EUROPEAN COMMUNITIES. Creating a Safer Information Society by Improving the Security of Information Infrastructures and Combating Computer-related Crime, Brussels: Commission of the European Communities, 2001.

[9] COMMISSION OF THE EUROPEAN COMMUNITIES. eEurope 2002: Impact and Priorities. Brussels: Commission of the European Communities, 2001.

[10] COMMISSION OF THE EUROPEAN COMMUNITIES.

eEurope 2002-An Information Society for All-Action Plan. Brussels: Commission of the European Communities, 2000.

[11] COMMISSION OF THE EUROPEAN COMMUNITIES. Towards a General Policy on the Fight against Cyber Crime. Brussels: Commission of the European Communities, 2007.

[12] COMMITTEE ON NATIONAL SECURITY SYSTEMS. National Information Assurance Glossary-Instruction No. 4009. CNSS of the United States, 2010.

[13] COUNCIL OF THE EUROPEAN COMMUNITIES. Action Plan to Combat Organised Crime. Brussels: European Communities, 1997.

[14] COUNCIL OF THE EUROPEAN UNION.1999/364/JHA: Common Position of 27 May 1999 adopted by the Council on the basis of Article 34 of the Treaty on European Union, on negotiations relating to the Draft Convention on Cyber Crime held in the Council of Europe, Brussels: European Communities, 1999.

[15] COUNCIL OF THE EUROPEAN UNION. Report on the Implementation of the European Security Strategy: Providing Security in a Changing World, Brussels: Council of the European Union, 2008.

[16] COUNCIL OF THE EUROPEAN UNION. Council Conclusions on a Framework for a Joint EU Diplomatic Response to Malicious Cyber Activities ("Cyber Diplomacy Toolbox").

Brussels: Council of the European Union, 2017.

[17] COUNCIL OF THE EUROPEAN UNION. Council Conclusions on Cyber Diplomacy. Brussels: Council of the European Union, 2015.

[18] COUNCIL OF THE EUROPEAN UNION. Council conclusions on implementing the EU Global Strategy in the area of Security and Defence. Brussels: Council of the European Union, 2016.

[19] COUNCIL OF THE EUROPEAN COMMUNITIES. Council Decision of 31 March 1992 in the Field of Security of Information Systems. Brussels: European Communities, 1992.

[20] COUNCIL OF THE EUROPEAN UNION. Council Framework Decision 2005/222/JHA of 24 February 2005 on attacks against information systems, Brussels: Council of the European Union, 2005.

[21] COUNCIL OF THE EUROPEAN UNION. Developing a Joint EU Diplomatic Response against Coercive Cyber Operations. Brussels: Council of the European Union, 2016.

[22] COUNCIL OF THE EUROPEAN UNION. EU Cyber Defence Policy Framework. Brussels: Council of the European Union, 2014.

[23] COUNCIL OF THE EUROPEAN UNION. Statement of the Members of the European Council, Brussels: Council of the

European Union, 2021.

[24] COUNCIL OF THE EUROPEAN UNION. The Stockholm Programme-An open and secure Europe serving and protecting the citizens, Brussels: Council of the European Union, 2009.

[25] EUROPEAN COMMISSION. The EU Internal Security Strategy in Action: Five steps towards a more secure Europe, Brussels: European Commission, 2010.

[26] EUROPEAN COMMISSION. 2020 Strategic foresight report: charting the course towards a more resilient Europe. Brussels: European Commission, 2020 .

[27] EUROPEAN COMMISSION. A Digital Agenda for Europe. Brussels: European Commission, 2010.

[28] EUROPEAN COMMISSION. A Digital Single Market Strategy for Europe, Brussels: European Commission, 2015.

[29] European Commission. A European Strategy for Data. Brussels: European Commission, 2020.

[30] EUROPEAN COMMISSION. Commission Recommendation (EU) 2017/1584 of 13 September 2017 on coordinated response to large-scale cybersecurity incidents and crises. Brussels: European Commission, 2017.

[31] EUROPEAN COMMISSION. Commission Recommendation (EU) 2019/534 of 26 March 2019 cybersecurity of 5G networks. Brussels: European Commission, 2019.

[32] EUROPEAN COMMISSION. Critical Infrastructure Protection in the Fight Against Terrorism. Brussels: European Commission, 2004.

[33] EUROPEAN COMMISSION. Cybersecurity Strategy of the European Union: An Open, Safe and Secure Cyberspace. Brussels: European Commission, 2013.

[34] EUROPEAN COMMISSION. Digital Economy and Society Index 2022, Brussels: European Commission, 2022.

[35] EUROPEAN COMMISSION. Growth, Competitiveness, Employment: The European Commission. Growth, Competitiveness, Employment: The Challenges and Ways Forward into the 21st Century. Brussels, Luxembourg: Office for Official Publications of the European Communities, 1993.

[36] EUROPEAN COMMISSION. Horizon Europe Work Programme 2023-2025. Brussels: European Commission, 2024.

[37] EUROPEAN COMMISSION. Protecting Europe from large scale cyber-attacks and disruptions: enhancing preparedness, security and resilience. Brussels: European Commission, 2009.

[38] EUROPEAN COMMISSION. Resilience, Deterrence and Defence: Building strong cybersecurity for the EU. Brussels: European Commission, 2017.

[39] EUROPEAN COMMISSION. Secure 5G deployment in

the EU: Implementing the EU toolbox. Brussels: European Commission, 2020.

[40] EUROPEAN COMMISSION. Shaping Europe's digital future. Brussels: European Commission, 2020.

[41] EUROPEAN COMMISSION. The Digital Agenda for Europe-Driving European growth digitally, Brussels: European Commission, 2012.

[42] EUROPEAN COMMISSION. The EU's Cybersecurity Strategy for the Digital Decade. Brussels: European Commission, 2020.

[43] EUROPEAN COMMISSION. The European Agenda on Security. Strasbourg: European Commission, 2015.

[44] EUROPEAN COMMISSION. The European Union and the United States of America strengthen cooperation to enhance the cybersecurity of consumer IoT products, Brussels: European Commission, 2024.

[45] EUROPEAN COMMISSION. The European Union and the United States of America strengthen cooperation to enhance the cybersecurity of consumer IoT products, Brussels: European Commission, 2024.

[46] EUROPEAN COMMISSION. Towards a general policy on the fight against cybercrime. Brussels: European Commission, 2007.

[47] EUROPEAN COMMISSION. White paper on Artificial

Intelligence-A European approach to excellence and trust. Brussels: European Commission, 2020.

[48] EUROPEAN COMMISSION. White Paper-How to master Europe's digital infrastructure needs? Brussels: European Commission, 2024.

[49] EUROPEAN COMMISSION. White Paper-How to master Europe's digital infrastructure needs? Brussels: European Commission, 2024.

[50] EUROPEAN EXTERNAL ACTION SERVICE. Shared Vision, Common Action: A Stronger Europe-A Global Strategy for the European Union's Foreign and Security Policy. Brussels: European External Action Service, 2016.

[51] EUROPOL. European Union serious and organised crime threat assessment, A corrupting influence: the infiltration and undermining of Europe's economy and society by organised crime. Luxembourg: Publications Office of the European Union, 2021.

[52] EUROPOL. Internet Organised Crime Threat Assessment (IOCTA) 2019. Hague, Netherlands: Europol, 2021.

[53] ITU TELECOMMUNICATION STANDARDIZATION SECTOR (ITU-T). Overview of Cybersecurity-Recommendation ITU-T X.1205. International Telecommunica -tion Union, 2009.

[54] JUNCKER J-C. Resilience, Deterrence and Defence: Building strong cybersecurity in Europe. State of the Union Address,

Brussel: European Commission, 2017.

[55] KLIMBURG A. TIRMAA-KLAAR H. Cybersecurity and Cyberpower: Concepts, Conditions and Capabilities for Cooperation for Action within the EU, Belgium: European Parliament, 2011.

[56] LEYEN U V. A Europe that strives for more: my agenda for Europe. Brussels: European Commission, 2019.

[57] LEYEN U V. Press remarks by President von der Leyen on the Commission's new strategy: Shaping Europe's Digital Future. Brussels: European Commission, 2020.

[58] LEYEN U V. Speech by President-elect von der Leyen in the European Parliament Plenary on the occasion of the presentation of her College of Commissioners and their programme. Brussels: European Commission, 2019.

[59] NATIONAL CYBER SECURITY CENTRE UK. Common Cyber Attacks: Reducing the Impact. Cyber Attacks White Paper, London: National Cyber Security Centre, GCHQ UK, 2016.

[60] NIS COOPERATION GROUP. Cybersecurity of 5G networks—EU Toolbox of risk mitigating measures. Brussels: European Commission, 2020.

[61] THE EUROPEAN PARLIAMENT AND OF THE COUNCIL. Establishing the European Network and Information Security Agency [EB/OL]. Brussels: European Parliament and of the Council, 2004.

[62] THE EUROPEAN PARLIAMENT AND OF THE COUNCIL. Directive 2002/58/EC of the European Parliament and of the Council of 12 July 2002 concerning the processing of personal data and the protection of privacy in the electronic communications sector (Directive on privacy and electronic communications). Brussels: European Communities, 2002.

[63] THE EUROPEAN PARLIAMENT AND OF THE COUNCIL. Directive on the Protection of Individuals with Regard to the Processing of Personal Data and on the Free Movement of such Data. Brussels: European Communities, 1995.

[64] THE EUROPEAN PARLIAMENT AND OF THE COUNCIL. Decision No 276/1999/EC of the European Parliament and of the Council of 25 January 1999 adopting a multiannual Community action plan on promoting safer use of the Internet by combating illegal and harmful content on global networks, Brussels: European Communities, 1999.

[65] THE EUROPEAN PARLIAMENT AND OF THE COUNCIL. Directive (EU) 2016/1148 of the European Parliament and of the Council of 6 July 2016 Concerning Measures for a High Common Level of Security of Network and Information Systems across the Union. Brussels: European Union, 2016.

[66] THE EUROPEAN PARLIAMENT AND OF THE COUNCIL. Directive 2002/21/EC of the European Parliament and of the Council of 7 March 2002 on a common regulatory framework

for electronic communications networks and services (Framework Directive), Brussels: European Communities, 2002.

[67] THE EUROPEAN PARLIAMENT AND OF THE COUNCIL. Directive 2013/40/EU of the European Parliament and of the Council of 12 August 2013 on attacks against information systems and replacing Council Framework Decision 2005/222/JHA, Brussels: European Union, 2013.

[68] THE EUROPEAN PARLIAMENT AND OF THE COUNCIL. Directive 97/66/EC of the European Parliament and of the Council of 15 December 1997 concerning the processing of personal data and the protection of privacy in the telecommunications sector. Brussels: European Communities, 1997.

[69] THE EUROPEAN PARLIAMENT AND OF THE COUNCIL. Regulation (EU) 2016/67 on the protection of natural persons with regard to the processing of personal data and on the free movement of such data, and repealing Directive 95/46/EC (General Data Protection Regulation). Brussels: The European Parliament and of the Council, 2016.

[70] THE EUROPEAN PARLIAMENT AND OF THE COUNCIL. Regulation (EU) 2019/881 of the European Parliament and of the Council of 17 April 2019 on ENISA (the European Union Agency for Cybersecurity) and on information and

communications technology cybersecurity certification and repealing Regulation (EU) No 526/2013 (Cybersecurity Act). Brussels: European Union, 2019.

[71] THE EUROPEAN PARLIAMENT AND OF THE COUNCIL. Regulation (EU) 2023/588 establishing the European Union's secure connectivity programme for the 2023–2027 period. Brussel: European Union, 2023.

[72] THE EUROPEAN PARLIAMENT AND OF THE COUNCIL. Regulation (EU) 2024/2847 on horizontal cybersecurity requirements for products with digital elements and amending Regulations (EU) No 168/2013 and (EU) No 2019/1020 and Directive (EU) 2020/1828 (Cyber Resilience Act). Brussels: The European Parliament and of the Council, 2024.

[73] UNITED NATIONS GENERAL ASSEMBLY. Resolution adopted by the General Assembly on 21 December 2010. New York: United Nations, 2011.

[74] LEYEN U V D.Speech by President-elect von der Leyen in the European Parliament Plenary on the occasion of the presentation of her College of Commissioners and their programme. Brussels: European Commission, 2019.

五、电子资源

[1] ABI research projects 5G worldwide service revenue to reach $247 billion in 2025[EB/OL]. (2016-04-12). https://www. abiresearch.com/press/abi-research-projects-5g-worldwide-service-revenue.

[2] BENDIEK A. & KETTEMANN M C. Revisiting the EU Cybersecurity Strategy [EB/OL]. (2021-02-16). https://www. swp-berlin.org/10.18449/2021C16/.

[3] BURWELL F G. & PROPP K. The European Union and the search for digital sovereignty: building "fortress Europe" or preparing for a new World? [EB/OL]. (2020-06). https:// www.atlanticcouncil.org/wp-content/uploads/2020/06/The-European-Union-and-the-Search-for-Digital-Sovereignty-Building-Fortress-Europe-or-Preparing-for-a-New-World.pdf.

[4] Council of Europe. The Convention on Cybercrime (Budapest Convention, ETS No.185) and its Protocols [EB/OL]. https:// www.coe.int/en/web/cyber crime/the-budapest-convention.

[5] Department of Homeland Sercurity, USA. Explore Terms: A Glossary of Common Cybersecurity Words and Phrases [EB/OL]. (2024-04-18). http://niccs.us-cert.gov/glossary.

[6] European Investment Bank. A Gateway Partnership [EB/OL]. (2023-06-02). https://www.eib.org/en/stories/ global-gateway-

investment-developing-countries-climate-change.

[7] Europol. Botnet Takedowns: the Good Cooperation Part, Europol European Cybercrime Center. [EB/OL] (2015-02-24). https://www.europol.europa.eu/ media-press/newsroom/news/botnet-taken-down-through-international-law-en forcement-cooperation.

[8] Geneva Internet Platform. The State of offensive cyber capabilities [EB/OL]. https://dig.watch/topics/cyberconflict#in-context-the-state-of-offensive-cyber-capabilities.

[9] GGE on Lethal Autonomous Weapons Systems [EB/OL]. (2023-07-14). https://dig.watch/processes/gge-laws.

[10] GRULL P. & STOLTON S. Altmaier charts Gaia-X as the beginning of a "European data ecosystem" [EB/OL]. (2020-06-05). https://www.euractiv.com/ section/data-protection/news/altmaier-charts-gaia-x-as-the-beginning-of-a-european-data-ecosystem/.

[11] Internet Corporation for Assigned Names and Numbers. Registry Listings [EB/OL]. (2012-02-15). https://www.icann.org/resources/pages/listing-2012-02-25-en.

[12] LAVADOUX F. BROWN O. & COTRONEO C. (et al.). EU Cyber Diplomacy 101 [EB/OL]. (2021-07-01). https://www.eipa. eu/eu-cyber-diplomacy-101/.

[13] MORGAN S. Cybercrime to cost the world $10.5 trillion annually by 2025 [EB/OL]. 2020-11-13. https://

cybersecurityventures.com/cybercrime-damages-6-trillion-by-2021.

[14] ROSS T. Threat of Cyber Attack Is Biggest Fear for Businesses [EB/OL]. (2017-02-21). https://www.bloomberg.com/politics/articles/2017-02-21/threat-of-cyber-attack-is-biggest-fear-for-businesses-survey.

[15] TAPARIA A. PASQUA E. & BRUGGE F. (et al.) State of IoT-Spring 2023 [EB/OL]. (2023-05). https://iot-analytics.com/product/state-of-iot-spring-2023/.

[16] TEFFER P. EU countries miss cybersecurity deadline [EB/OL]. (2018-07-30). https://euobserver.com/digital/142493.